纤维素酶发酵
及其固定化研究

李冰冰　叶延欣　著

吉林大学出版社

·长春·

图书在版编目（CIP）数据

纤维素酶发酵及其固定化研究 / 李冰冰，叶延欣著．
-- 长春：吉林大学出版社，2021.11
ISBN 978-7-5692-9635-8

Ⅰ．①纤… Ⅱ．①李… ②叶… Ⅲ．①纤维素酶—发
酵—研究 Ⅳ．①Q556

中国版本图书馆 CIP 数据核字（2021）第 232968 号

书　　名　纤维素酶发酵及其固定化研究
　　　　　XIANWEI SUMEI FAJIAO JIQI GUDINGHUA YANJIU

作　　者　李冰冰　叶延欣 著
策划编辑　田茂生
责任编辑　田茂生
责任校对　高欣宇
装帧设计　闫阿龙
出版发行　吉林大学出版社
社　　址　长春市人民大街 4059 号
邮政编码　130021
发行电话　0431-89580028/29/21
网　　址　http://www.jlup.com.cn
电子邮箱　jdcbs@jlu.edu.cn
印　　刷　长春市昌信电脑图文制作有限公司
开　　本　710mm×1000mm　1/16
印　　张　6.375
字　　数　131 千字
版　　次　2021 年 11 月　第 1 版
印　　次　2021 年 11 月　第 1 次
书　　号　ISBN 978-7-5692-9635-8
定　　价　39.00 元

编　委

河南城建学院：吴俣、张云博、朱明玉、程兰惠、魏鹏飞、孙冰燕、魏雅慧、张雨晴、刘乾西

华中农业大学：宋静宜，李格格

暨　南　大　学：刘莹，张苗苗

安徽医科大学：邵伟婷

长春金赛药业有限责任公司：张方圆

翌圣生物科技（上海）股份有限公司：张蕊蕊

主　审

河南城建学院：佘秋生

前　言

生物质资源是地球上分布最广和储量最大的可再生资源，其主要成分为纤维素、半纤维素和木质素，这些物质主要由碳水化合物聚合而成，而碳水化合物又是生物炼制过程中主要的碳源物质，但是，在生物炼制过程中，大部分微生物不能够直接利用纤维素、半纤维素和木质素，需要将其降解成微生物可利用的单糖或低聚糖，木质纤维素酶成为生物炼制工业中的关键因素。目前，木质纤维素酶具有成本高、生产效率低、酶解效率低和纤维素酶稳定性差等缺点，成为制约生物质资源炼制工业化和规模化的关键因素，因此，提高纤维素酶产量、发酵效率和纤维素酶稳定性是降低纤维素酶成本和提高生物炼制效率的重要途径。

《纤维素酶发酵及其固定化研究》一书，旨在综合前人研究的基础上，将纤维素酶生产菌筛选、鉴定、发酵和纤维素酶固定化结合起来，提高纤维素酶的发酵水平、降低发酵成本、缩短发酵周期和通过纤维素酶固定化研究，提高纤维素酶的稳定性和催化效能。在纤维素酶生产菌筛选鉴定方面，主要通过筛选腐殖土壤中的纤维素酶生产菌，在此基础上对其进行发酵和分子鉴定，该部分内容由叶延欣博士完成；在纤维素酶发酵研究中，着重研究了纤维素酶液体发酵和固定化细胞发酵，液体发酵主要研究了纤维素酶发酵过程中草酸青霉的发酵动力学、碳氮源取代、纤维素酶诱导等方面的内容；固定化细胞发酵主要研究了固定草酸青霉后，其重复利用次数、发酵周期和培养基优化等方面内容；在纤维素酶固定化研究中，着重研究了吸附法和包埋法对纤维素酶的固定化，吸附法主要采用大孔吸附树脂，而包埋法主要采用海藻酸钠-聚乙二醇包埋纤维素酶。

在本书著作的过程中，感谢各位老师、同学对本书的大力支持，同时也感谢同行对此书的批评指正。

李冰冰

2021年9月

目 录

第 1 章　纤维素酶发酵及固定化研究进展

1.1　前沿

随着全球经济的发展，化石燃料的过度消耗，造成全球能源紧缺、环境污染等一系列问题，因此，寻找化石能源的替代品成为各国能源可持续发展战略的重要任务。生物质能源作为可再生能源，具有悠久的历史，然而，传统的焚烧不仅造成资源浪费，而且带来了一系列的环境问题。随着科学技术的发展，生物质资源的综合利用，尤其是生物质能源的开发成为各国学者的研究重点和热点。

生物质是任何可再生的或可循环利用的有机物质，包括动物、植物和微生物。广义的生物质包括植物、微生物，以及以植物、微生物为食物的动物及其生产的废弃物；狭义的生物质主要是指农林业生产过程中除粮食、果实以外的秸秆、树木等木质素、农产品加工业下脚料、废弃物等物质，具有可再生、低污染、分布广等特点。纤维素作为世界上最丰富的可再生资源和植物的重要的组成部分，每年的产量超过1000亿吨[1]，其中由植物通过光合作用产生的纤维素就超过85亿吨[2]。我国具有丰富的生物质能源，每年仅农作物秸秆就有近8亿吨，给社会造成重大环境问题；秸秆的主要成分是木质纤维素，约占生物质资源的40%[3]。木质纤维素是由葡萄糖以β-1,4糖苷键组成的大分子生物多糖，在木质纤维素酶催化作用下转化成可发酵糖，然后转化成高附加值的生物基化学品，是秸秆生物炼制过程中理想的生物基原料。2006年中共中央、国务院颁布的《关于积极发展现代农业，扎实推进社会主义新农村建设的若干意见》指出，“以生物能源、生物基产品和生物质原料为主要内容的生物质产业，是拓展农业功能、促进资源高效利用的朝阳产业”；2018年国际能源署发布的

《2018年可再生能源：2018–2023年市场分析和预测》认为："2018–2023年，生物质能源将成为全球增长最快的可再生资源。"因此，充分合理利用纤维素酶催化木质纤维素转化成可发酵糖对于解决能源危机、环境污染和粮食短缺具有重要的意义。

1.2 纤维素

1.2.1 木质纤维素概述

木质纤维素作为地球上最丰富、分布最广的可再生能源之一，可以通过热化学转化、生物催化转化、化学催化转化途径，或者3种转化的级联交叉催化，进一步转化为可燃气、生物油、烃、醇、有机酸及高分子材料等生物能源、生物基化学品及生物基材料，具有广阔的开发利用前景。木质纤维素主要由30%–50%纤维素、15%–35%半纤维素和10%–20%木质素组成，其中，纤维素作为木质纤维素的主要成分，主要由葡萄糖以β–1,4糖苷键连接而成的直链多糖，主要由结晶区和无定形区构成，结晶区纤维素结构致密、高度有序、难被纤维素酶降解，而无定形区结构疏松、比表面积大、易被纤维素酶降解。半纤维素是由以木聚糖为主的无碳糖和六碳糖组成的，木质素三种苯丙烷单元通过醚键和碳碳键相互连接形成的具有三维网状结构的生物高分子。木质纤维素以微纤维结构存在于植物中，其直径为2–20 nm，长度为100–4000 nm[4]。纤维素被木质素和半纤维素紧密包围，它们通过氢键和共价键紧密结合，形成复杂的网络结构[5]，如图1.1所示。

木质纤维素成分中的木质素和半纤维素形成了一道防御酶解的物理屏障，限制了纤维素与外界接触，也阻碍了纤维素的降解。因此天然木质纤维素须经过预处理破坏木质素结构，去除半纤维素，较少纤维素的顽抗性，增加木质纤维素的孔隙率和比表面积，改善纤维素对酶的可及性，才能改善纤维素的酶解效率。目前，常用的木质纤维素的预处理方法有物理法，如微波法、机械粉碎法等，化学法，如酸碱法、有机溶剂法等。其中常用的方法是物理化学法，如氨纤维爆破法和蒸汽爆破法，最近生物处理法成为木质纤维素预处理的研究热点[6]。

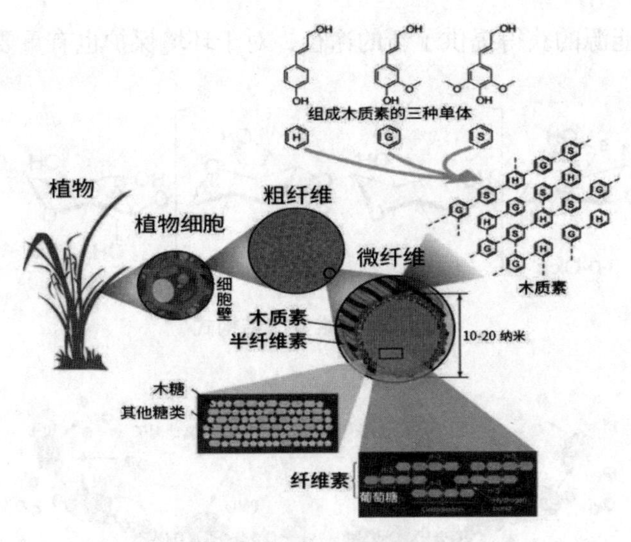

图 1.1　木质纤维素的网络结构

1.2.2　纤维素的结构和性质

纤维素是由绿色植物通过光合作用合成葡萄糖通过β–1,4糖苷键聚合而成的，如图1.2所示，其聚合度一般为500～1000，存在于植物细胞壁半纤维素和木质素形成的保护层里，不易被微生物直接利用，因此，将纤维素转化成可持续的生物燃料和生物基产品的前提条件是将纤维素分解为微生物可利用的单糖或低聚糖。纤维素分子间、分子内都存在氢键，其中一部分分子间氢键连接具有一定的取向性，结构规则致密，该部分称为结晶区，水解极其困难；另外还有一部分处于无定形区，该区域氢键排列松散、无规则，易被水解，如图1.3所示。在不同的植物中，纤维素的结晶程度不同，如苎麻的结晶度高达70%左右，麦秸纤维素的结晶度为51.9%[7,8]。纤维素的烃基可以与水分子结合，产生热效应，形成结合水，使纤维素分子发生溶胀作用，但是超出一定值，这种溶胀作用就会消失。纤维素的化学性质稳定，有很强的亲水性，但不溶于一般的有机溶剂，因此，自然界中的动物一般不能直接利用纤维素作为碳源物质。一定条件下纤维素分子中的糖苷键会发生酸性降解生成葡萄糖。由于纤维素为可再生资源，且含量极为丰富，极易得到，价格低廉，因此可广泛用于医药、食品、清洁燃料等生产领域。一般情况下可以通过纤维素酶降解纤维素得到葡萄糖等可方便利用的还原糖，进而发酵用于乙醇的生产，实现可再生能源物质的充分利用，为能源的获得提供了新的途径，对于环境保护也有重要意义。

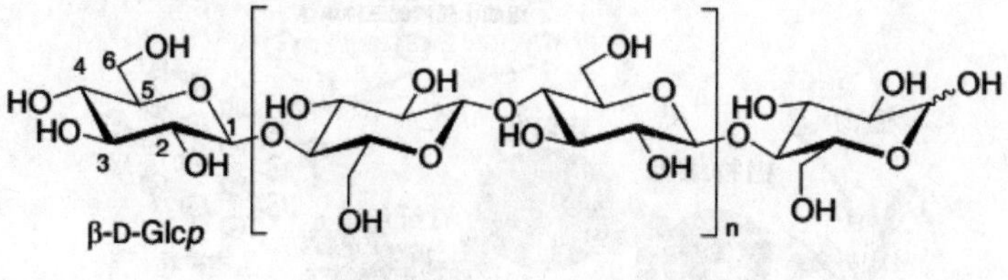

图 1.2 纤维素的结构式

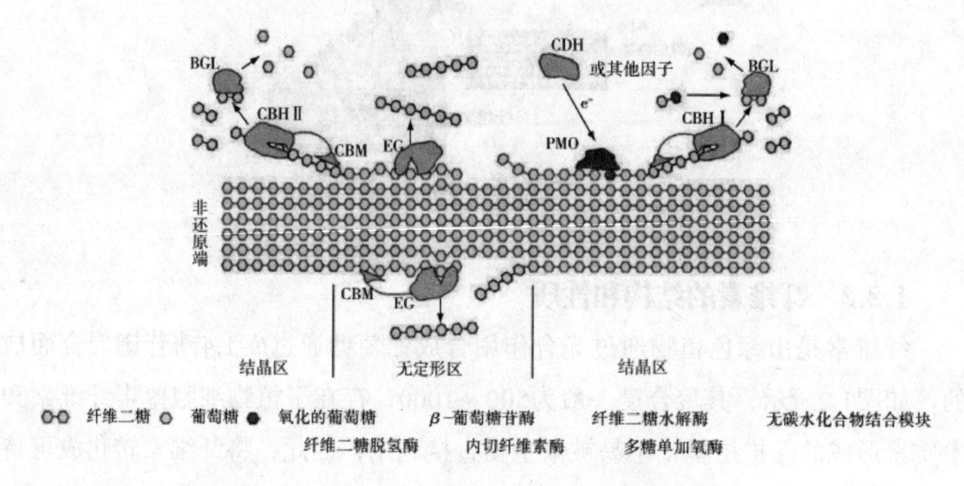

图 1.3 丝状真菌纤维素酶降解纤维素机制模型[9]

1.2.3 纤维素降解方法

如何高效低成本地利用纤维素是长久以来的热门研究问题，在过往的时间里纤维素因为组成结构复杂、难以分解致使纤维素相关的工艺难以发展，所以纤维素的相关应用受到很大的制约。过往常用的酸碱处理化等化学方法。以及汽爆、蒸汽加热等物理方法降解纤维素[10]，因为降解方法消耗的成本多于盈利而导致亏损、工艺操作排弃的废弃物对生态环境污染严重等而导致生产工艺发展受到制约。随着人们对纤维素各方面的研究深入，采用纤维素酶来分解纤维素进行各种生产和制造的方式是分解纤维素的主流操作，比起上述的化学和物理手段更方便快捷、工艺成本低，同时纤维素酶本就在自然环境中存在，可通过里氏木霉等菌种制备，符合我国坚持可持续化发展的战略。纤维素处理方法的优缺点如表1–1所示。

表 1.1　纤维素处理方法的优缺点

处理方法	主要技术	主要优点	主要缺点
物理法	机械粉碎技术、微波技术、辐射技术	增加了比较面积，提高了后处理的效率	不能降解纤维素
化学法	酸处理技术、碱处理技术、氧化剂处理技术	破坏纤维素的晶体结构，增加可及性	对设备要求高，耗能大，污染环境等
生物法	纤维素酶、真菌降解技术	增加了纤维素处理效率，环境友好等	处理时间长，需要前处理

1.2.4　纤维素的功能作用

纤维素在人们食用方面有很大的作用，随着人们生活质量的提升，人类开始逐渐追求健康的饮食习惯，在饮食上开始偏向选择蔬菜，以及黄豆、绿豆等谷类作物方面。这是因为谷类及蔬菜中含有大量的纤维素，人体本身是不能够将纤维素分解消化的，但是可以利用纤维素可吸收水分这一特点，促进人体对食物消化吸收。现在已经有人专门提取瓜果、蔬菜、谷类作物中的高纯度膳食纤维素，这种高纯度的膳食纤维素对于人体内营养物质的消化吸收有极大促进作用，可帮助排便，已经广泛用于糖尿病、便秘的治疗，肥胖症的预防等方面。近年来，市场环境的波动对各行各业原料的价格都造成了重大的影响，由于使用纤维素所需要的成本比较低，可以有效控制原材料的成本，因此可以借助诱导剂的使用直接利用纤维素生产酒精，不仅可以维持酒价格的稳定，而且可以实现纤维素的有效利用。

1.3　纤维素酶

自1906年在蜗牛消化道内发现纤维素酶以来，纤维素酶通过降解纤维素，可以把秸秆等纤维素废弃物变废为可用物，实现资源的节约化利用，同时纤维素酶还具有特异性高、反应条件温和、环境污染小等特点，纤维素酶的研究逐渐成为近年来的研究热点。

纤维素酶属于糖基水解酶，可由多种细菌、真菌和动物产生[11]，是催化纤维素水解生成葡萄糖或低聚糖的一类酶的总称。随着全球对生物质能源综合利用的重视，尤其是在生物乙醇快速发展的今天，纤维素酶也得到了快速发展。2006年仅美国纤维素酶的市场的交易额就达到每年4亿美元[12]，随着纤维素酶应用越来越广泛，纤维素酶已占有了全球8%的酶制剂市场[13]，其中在2004–2014年，纤维素酶的市场就增加了100%。

1.3.1 纤维素酶系

纤维素水解成葡萄糖或可发酵低聚糖是纤维素综合利用的关键步骤，在过去的30年，科学家们对由细菌和真菌所产生的纤维素酶的作用机制进行了大量的研究，根据其作用机制和原理，将纤维素酶归纳为以下几类[15]（图1–4）。

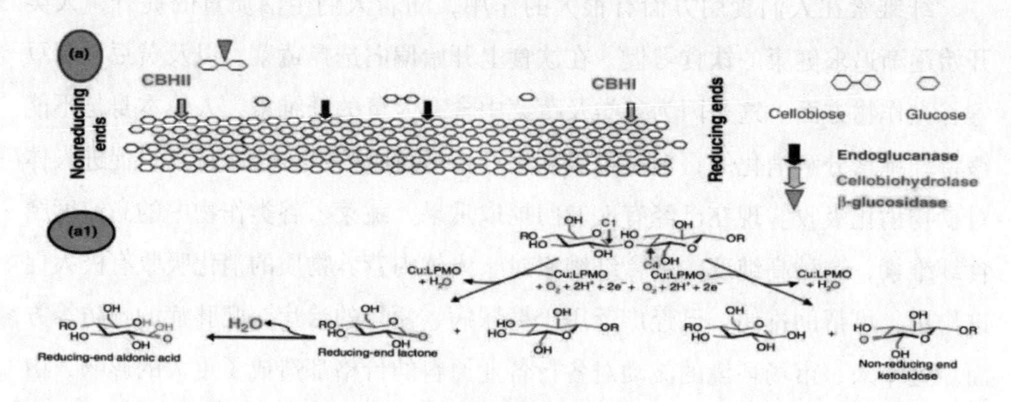

图 1.4 纤维素酶分类及作用位点

（1）内切*β*–1,4糖苷酶

内切*β*–1,4糖苷酶（EC 3.2.1.4）又称内切葡聚糖酶，主要随机切割纤维素无定形区内部的糖苷键，释放长链寡糖。

（2）外切*β*–1,4糖苷酶

外切*β*–1,4糖苷酶（EC 3.2.1.91或EC 3.2.1.74）又称外切葡聚糖酶或纤维二糖水解酶，主要作用于纤维素结晶区的还原端或非还原端，释放葡萄糖或纤维二糖，该酶对纤维二糖无作用。

（3）*β*–葡萄糖苷酶

β–葡萄糖苷酶（EC 3.2.1.21）主要作用于液态纤维糊精和纤维二糖的非还原端生成葡萄糖，它对结晶纤维素或无定形纤维素无作用。

（4）纤维二糖酶

纤维二糖酶又称纤维二糖磷酸化酶，主要催化纤维二糖的可逆磷酸化和降解。

1.3.2 纤维素酶的结构组分及作用机制

纤维素酶一般由糖蛋白参与构成，所以纤维素酶也由糖链和肽链共同组成，一般其含糖量要低于含有的蛋白量。纤维素酶分子的一级结构相似，但高级结构较为复杂，一般由球形催化域、连接域和纤维素结合域三部分构成[3]。纤维素结合域可破坏纤维素的分子结构，但不能将纤维素水解，纤维素酶催化结构域对纤维素酶水解纤维素的能力起决定作用。结合功能区如图1.5所示。催化结构区如图1.6所示。

（a）　　　　　　　　　　（b）

图 1.5　纤维素酶的结合功能区

(a) 内切葡聚糖酶的结合功能区；(b) 外切葡聚糖酶的结合功能区

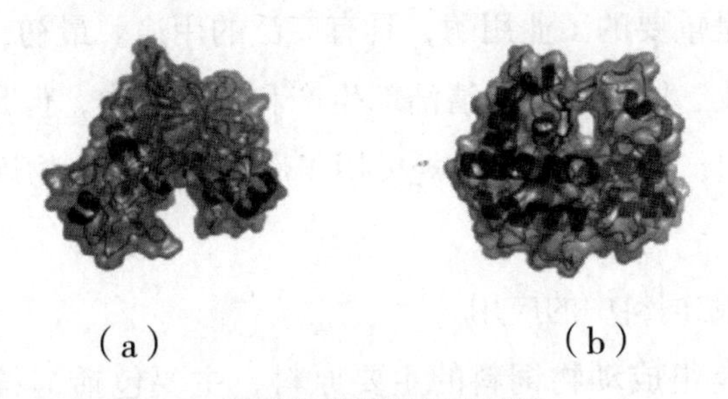

（a）　　　　　　　　　　（b）

图 1.7　纤维素酶的催化功能区

(a) 内切葡聚糖酶的催化功能区；(b) 外切葡聚糖酶的催化功能区

纤维素酶是由多种酶组成的复合酶体系，一般由内切葡聚糖酶（CX），外切葡聚糖酶（C1）、β-葡萄糖苷酶（BG）三部分组成。内切葡聚糖酶作为一种纤维素水解酶主要水解底物的松弛部分，同时还可以水解纤维素分子非结晶区的β-1,4-糖苷键，从而将复杂的纤维素酶分子转化成更小的纤维素分子，同时暴露出外切葡聚糖酶的作用位点。外切葡聚糖酶可从纤维素非还原末端水解β-1,4-糖苷键，产物通常为纤维二糖，所以外切葡聚糖酶又称纤维二糖水解酶。β-葡萄糖苷酶可以直接水解纤维二糖或其他组分为葡萄糖或其他可供直接利用的糖类物质，并且β-葡萄糖苷酶作用底物的速度尤其快。有假说认为纤维素酶的这三种组分之间存在协同作用，比例不同，纤维素酶的作用效果就不同[16]，如图1.7所示。

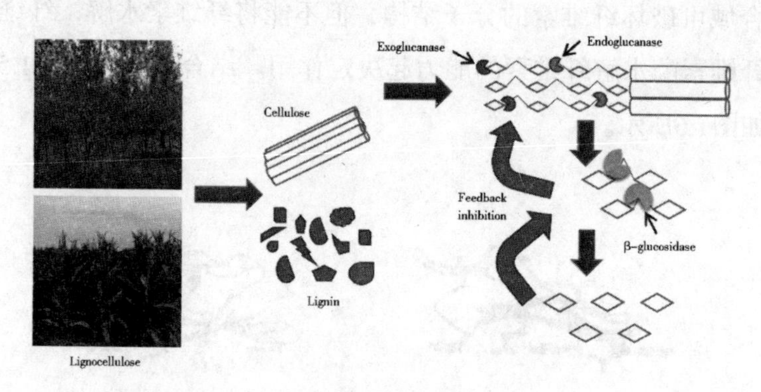

图 1.7　纤维素酶的协同水解机制 [3]

1.3.3　纤维素酶的应用

纤维素酶是重要的工业用酶，具有广泛的用途。最初，纤维素酶主要用于纺织业、造纸业、饮料生产、清洁剂生产和养殖业中，但是随着能源危机、可再生资源的兴起，纤维素酶也大规模用于燃料乙醇、生物炼制等方面，如图1.8所示。

（1）在青贮饲料中的应用

青贮饲料是组成动物饲料的主要原料，主要包括饲料作物、新鲜的茎叶以及秸秆部分，在这些青贮饲料中包含了大量的纤维素和半纤维素。而纤维素是一种高分子聚合物，会和木质素进行联结，导致家畜很难将其消化。所以要把这些难以消化的青贮饲料进行改造，改变纤维素分子的结构，使家畜容易消化。在青贮过程中加入纤维素酶制剂，让纤维素酶降解纤维素，分解植物的细胞壁，这不仅可以有效降低青贮饲料中的纤维素含量，而且被降解的纤维素还会为青贮饲料的发酵提供充足的糖源。伴随着这项技术的发展，纤维素酶在青贮饲料方面的应用是有很大潜力的。

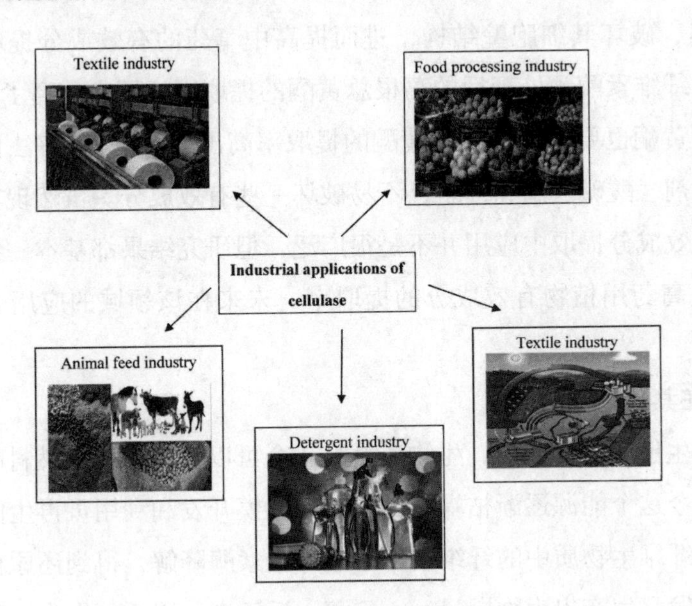

图 1.8　纤维素酶的应用

（2）在食品中的应用

纤维素酶亦被应用于果蔬汁的提取、果汁的澄清以及马铃薯中淀粉类的分离。加入纤维素酶可以提高细胞内含物的提取率，降低了提取难度，简化了加工流程。通过对金针菇子实体进行纤维素酶预处理，可提高金针菇子多糖的产率，进而优化金针菇多糖提取工艺。在食醋酿造过程中，将纤维素酶和糖化酶混合加入，可以提高原料的利用率和出品率。在酱油酿造过程中，除了加入蛋白酶外还可加入纤维素酶，使大豆类等原料的细胞膜膨胀软化，这样可将细胞中的蛋白质和碳水化合物释放出来，即不但可提高酱油浓度、改善酱油质量，而且使酱油的氨基酸含量提高，糖分提高，成品成色好。在酿酒过程中，纤维素酶降解原料中的不可溶纤维素，使其降解为葡萄糖，一方面降解得到的葡萄糖被酵母利用；另一方面纤维素酶分解植物的细胞壁，有利于淀粉的释放与利用，提高出酒率。

（3）在中草药加工中的应用

随着中草药制剂越来越受重视，它的有效成分的提取率也越来越受关注。纤维素酶被应用于中药提取中，通过选取适当的酶，对药用植物的细胞壁进行水解或降解，破坏其细胞壁结构，进而提高中草药的有效成分提取率。有研究表明，用纤维素酶预处理后的葛根总黄酮的提取率比用之前高了13%；用纤维素酶处理黄酮也要比直接处理黄酮的提取率高出23.5%；酶解法比传统的热水、有机溶剂、酸碱法温和许多，不易破坏一些有效成分。虽然现在纤维素酶在中草药有效成分提取中应用并不是很广泛，但研究结果都基本一致，即酶解法可明显提高药用植物有效成分的提取率，未来在该领域的应用会更进一步提高。

（4）在其他领域的应用

在可再生能源的研究中，生物质是唯一一个可以转化为液体燃料的可再生能源。在现如今这个能源逐渐枯竭的时代，大规模开发和利用可再生能源就显得格外重要。纤维生物质中的纤维素可通过纤维素酶降解，得到还原糖。再利用还原糖通过发酵生产出生物燃料——乙醇。近年来，用乙醇作为汽车燃料代替部分石油来解决能源危机一直是世界各国科学家重要研究课题之一。毕竟纤维素能源是地球上最丰富且廉价的可再生能源，若能实现不可再生能源的替代，将是解决能源危机的一大壮举。虽然纤维素酶降解纤维素生产乙醇的应用前景十分诱人，但仍有转化成本高这一瓶颈阻碍该项目的推进，这也是我们未来的研究重点之一。

1.4 纤维素酶菌株

1.4.1 纤维素酶生产菌株分离

许多微生物都可以产纤维素酶，如真菌、细菌、放线菌等。近年来，常用的产纤维素菌株的分离、筛选和酶活性测定方式主要为利用“采样—培养—分离单菌落—初筛—复筛—测OD值”的方法筛选出分解纤维素能力较强的菌株（表1.2）。采用滤纸条培养基和PDA培养基进行菌种的初筛，选取生长快速的菌株作为纤维素分解菌进行下一步的实验。采用羧甲基纤维素钠分离培养基和刚果红纤维素鉴定培养基进行菌种的复筛，选出透明圈清晰且直径大的菌株[17]。再通过平板划线分离法纯化菌株，最后测出OD值计算酶活力。

表 1.2　纤维素酶发酵菌株

类型	菌株	底物	酶活力			参考文献
			FPase	CMCase	β– 葡萄糖苷酶	
真菌	*Trichoderma asperellum RCK 2011*	麦麸	1.601	10.25	6.315	19
	Penicillium funiculosum	甘蔗渣	1.135	10.252	2.26	20
	Aspergillus niger HO	米糠（麦麸诱导）	23.5	2.5.2	80.1	21
	Rhizopus oryzae SN5	麦麸	21.76	437.54		22
	Trichoderma reesei RUT C-30	麦麸		959.35		23
细菌	*Bacillus subtilis*	香蕉废渣	2.8	9.6	4.5	24
	Bacillus siamensis	羟甲基纤维素钠	0.18	0.44		25
链球菌	*Streptomyces sp T3-1*	羟甲基纤维素钠		148		26
	Streptomyces violaceorubidus	羟甲基纤维素钠	281	289	271	27

在工业上，大部分微生物都是由真菌生产的，因为它们可以分泌纤维素到细胞外，一方面提高了纤维素酶的生产效能，另一方面也有利于纤维素酶纯化。直到现代，1969年Mandels和Weber开发的绿色木霉发酵生产纤维素酶技术仍然实用[18]。随着科学技术的发展，现代越来越多的微生物用来纤维素酶的生产，并开发了大量的廉价原料，使纤维素酶的生产成本大大降低。

1.4.2　菌株鉴定

菌株鉴定分类的方法多种多样，主要包括3大类：按表型信息分类、按基因型信息分类、按系统发育学信息分类。其中表型信息是通过显微镜观察，对其菌株菌落形态及颜色进行观察，从表观上按照《伯杰氏细菌鉴定手册》或《真菌鉴定手册》进行初步分类，包括：培养形态、生理生化等表型性状的分析及细胞壁化学成分分析；基因型信息通过对菌株DNA或RNA进行分子分析，一般有GC含量、分子杂交、DNA的随机片段的多态性分析等；系统发育学信息常用的是通过16S rDNA、18S rDNA以及ITS序列扩增后，Blast比对分析，构建系统发育树进行分析[28]。

在自然界中，目前发现能产生纤维素酶的菌株就多达上千种，主要的生产菌株有细菌、真菌及放线菌，其中，真菌是纤维素酶生产的常用菌株，主要是木霉、青霉和曲霉，真菌纤维素酶多属于酸性胞外酶。穆春雷[29]通过选用秸秆还田土壤作为样本，分离出了一株菌株，通过对其进行多种分析方法鉴定，确定该菌株为真菌，并命名为草酸青霉M11，是一种在低温下对纤维素降解仍具有良好作用的菌种。通过优化发酵实验确定了以玉米秸秆粉作为培养基的唯一碳源，温度为13℃，并经过9天的摇床发酵培养后，该菌所产纤维素酶的活力可以达到最高，并且此酶的活力在温度为5–20℃时，仍能保持在90%以上。细菌产纤维素酶多属于胞内酶，纤维素酶活力整体较低，但是，随着纤维素酶在洗涤剂、纸浆造纸等行业的应用和发展，使得细菌产生的中性及碱性纤维素酶得到广泛的应用，杨柳等[30]从土壤中筛选分离得到1株产纤维素酶活力较高的解淀粉芽孢杆菌，发酵滤纸酶活力达到了161 U/mL，在pH值为6.0–9.0范围内稳定。与真菌和细菌相比，放线菌降解纤维素的能力不高，目前产纤维素酶的放线菌主要有链霉菌属、纤维放线菌等。张爱梅等[31]从中国沙棘根瘤中分离出一株内生放线菌，其最适pH值为7.0，最大酶活性为46 U/mL。

1.5 纤维素酶发酵工艺

发酵法生产酶制剂是现在最流行的方式，目前，纤维素酶发酵生产的主要方式有液体发酵（SmF）和固体发酵（SSF或SSC）两种形式。在液体发酵过程中，所有的营养元素和微生物均在液体中溶解或悬浮，其主要特点是以液体为流动相；而在固态发酵过程中，自由水含量较低，固态营养元素占主体，其特点是以气相为主要的流动相。尽管发酵模式不同，但是影响发酵的因素，如培养温度、pH值、水分、培养物、培养周期等是相似的。具体的纤维素酶发酵流程如图1.9所示。

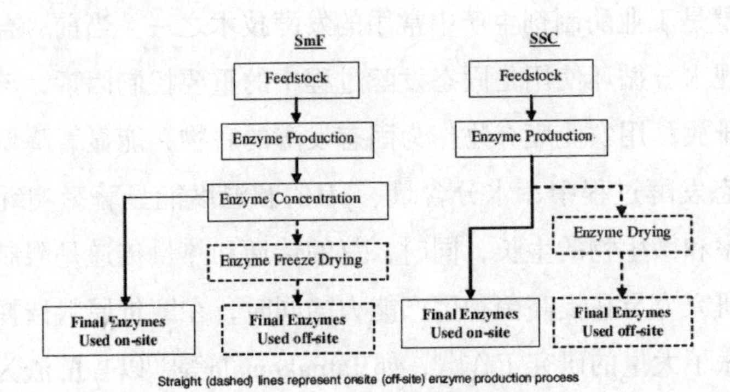

图 1.9　纤维素酶发酵流程图

SmF：液体发酵；SSC：固态发酵

1.5.1　纤维素酶液体发酵

液体发酵通常是在自由水中，底物分散其中进行发酵，是发酵工业中应用最广、自动化程度最高、最成熟的发酵技术。其具有传质、传热效果好、易灭菌、易控制等特点，但是在酶生产过程中，酶活力较低。为了获得最佳发酵效率，科学家们做了大量的尝试，如优化碳源、氮源、营养元素、pH值、发酵温度等。在纤维素酶发酵过程中，发酵条件对菌丝的形态及结构有显著影响。在发酵过程中，产酶培养基优化、发酵温度、搅拌转速、通气量对产酶有着重要的影响，另外培养基的组分、配比和缓冲能力等都对微生物的生长和产酶也具有重要的影响[32]。张晓炬等[33]研究发现里氏木霉在28–30℃培养可获得较高的滤纸酶活力，低于25℃或高于33℃时酶活力下降比较显著。Acharya等[34]用Aspergillus niger发酵纤维素酶时发现，当以蛋白胨为氮源、处理的木屑为碳源时，纤维素酶发酵的最适pH值为4–4.5，最适温度为28℃。相对应的，Karthikeyan等[35]用青霉为纤维素酶生产菌株，通过研究不用碳源、氮源、温度和pH值对纤维素发酵的影响发现，以果糖为碳源时获得的纤维素酶活力最高。通过对文献调研得出，液体发酵纤维素酶的最适生产温度为20–30℃，最适pH值偏酸性。

1.5.2 固态发酵

固态发酵是工业酶制剂生产中常用的发酵技术之一。当前，合理地控制水分含量并实现水分循环使用是固态发酵过程中的重要控制因素，该技术可以大大减少废水排放；用农业废弃物作为固态发酵的底物，能显著降低工业酶生产成本。在固态发酵过程中，水分含量、pH值和温度能显著影响纤维素酶的产量、发酵效率和微生物的生长，同时，氧的传递和热量传递是限制固态发酵的重要因素。研究人员在提高菌种生产能力的同时，在廉价原料选择和发酵过程改善方面也做了大量的研究工作[36]，如Ratnakomala等[37]以甘蔗渣为碳源，采用响应面的方法对海洋放线菌Streptomyces sp. Bse7–9的培养基进行优化，最大纤维素酶活力（CMCase）达到了4.496 U/mL；Dias等[38]以高粱杆和麦麸为底物，固体发酵纤维素酶和半纤维素酶，72 h木聚糖酶和外切纤维素秆酶的活力分别达到了300.07 U/g和30 U/g，120h β–半乳糖苷酶和内切葡萄糖酶分别达到了54.90 U/g和41.47 U/g。

1.6 细胞的固定化

随着科学技术的发展，如今又兴起了固定化细胞的发酵模式，该方法结合了液体发酵和固体发酵的优点，有效地提高了发酵效率。

1.6.1 固定化细胞的简介

固定化细胞是20世纪60年代兴起的一种新技术。固定化细胞是指细胞通过不同类型的材料固定后，能在一定空间范围起催化作用，且能重复使用，提高生产效率，易于分离和回收。固定化细胞的优点有：细胞生长时间短；固定化细胞可以重复使用，缩短产酶周期，提高生产效率；简化游离细胞培养过程，减少营养基质的浪费，简化生产流程，减少设备投资。固定化细胞技术能保留游离酶原有的活性、增强它对极端环境的适应能力，克服了游离酶难以循环利用等缺点，延长菌体寿命，降低生产成本具有极其广阔的应用前景。近年来细胞固定化技术在生物学、化工、医学及生命科学等领域的研究十分活跃，得到了快速发展。

1.6.2　固定化的方法

细胞固定化方法包括两大类，分别是物理法和化学法。其中物理方法包括物理吸附法和包埋法。吸附法是通过具有高吸附力的吸附材料将细胞吸附到载体上，此方法非常简便并且操作简单，固定化的成本也比较低。包埋法是通过微囊型的聚合物膜包围酶分子而进行的。化学法包括共价结合法和交联法。共价结合法是通过载体与酶表面的基团共价结合形成不可逆的连接，达到固定细胞的效果。参加连接的基团不能是表现活性的基团。这个方法稳定性很好，但操作起来较为麻烦，载体的设计也比较复杂。交联法通常是用交联剂与细胞之间形成网状结构，使细胞被固定。常用的交联剂有戊二醛、双重氮联苯胺以及顺丁烯二酸酐等。交联法固定细胞是发生了激烈的化学反应，因此细胞的空间结构容易发生变化影响生物活性。

1.6.3　固定化载体

根据化学组成不同，可以把固定化载体分为三类：高分子载体材料、无机载体材料、复合载体材料。高分子材料中包括天然高分子载体材料，一般为来自生物体的胶原蛋白、透明质酸或者纤维蛋白，以及来自生物体外的壳聚糖、海藻酸钠等。这些材料的优点是毒性小，并且具有很好的生物相容性；缺点是有些天然高分子材料机械强度较低，容易被破坏。在不影响天然高分子载体材料的生物相容性的前提下，通过化学修饰连接更强聚合物主链的方法来提高机械强度，制备出人工合成有机高分子材料。这种人工合成的有机高分子材料中引入的长链结构一般是带有酰胺基团的，如聚丙烯酰胺，因为其氢键较多，有较高的力学强度，还有聚乳酸、聚氨基酸和聚乙烯醇等。这种载体材料的优点是抗微生物分解、机械强度高、稳定性强。无机载体材料包括多孔硅、活性炭、羟基磷灰石、陶瓷等。这些材料多为多孔结构，有较强的吸附能力和较高的机械强度，不易发生形变。近年来对生物炭的研究也比较多，生物炭表面富含官能团和较高的结晶度，促进生物膜形成和电子转移，而生物膜又可以创造一个内部环境，增强细胞对环境的适应度，这就赋予了生物炭较高的 pH 缓冲能力、阳离子交换能力和电导率。复合载体材料是有机材料和无机材料的结合，继承了两者各自的优点，一定程度上也规避了它们各自的缺点，但这种材料生产更复杂，成本也更高一些。

1.6.4 基于生物相容性固定化细胞产纤维素酶的研究

生物相容性是指材料与生物体之间相互作用后产生的各种生物、物理、化学等反应的统称。在发酵过程中，微生物，尤其是丝状真菌更倾向于依附在介质上生长，使细胞聚集在一起，形成生物集群，产生群集效应，表现出更加顽强的生命力、代谢强度和拥有抗逆性、延缓细胞衰老的效果[39]。如Villena等[40]将*Aspergillus niger*固定在聚酯纤维布上发酵产生的纤维素酶酶活力比游离的*Aspergillus niger*高70%；Hui等[41]将*Aspergillus terreus*固定在EDTA浸泡过的尼龙垫上发酵纤维素酶，尽管首批次发酵产生的纤维素酶活力低于游离状态细胞发酵所产生的纤维素的酶活力，但是，在重复发酵时，固定化*Aspergillus terreus*发酵纤维素酶的酶活力提高了4.5倍，这主要是第一批次发酵纤维素酶时，主要是将细胞吸附固定在尼龙垫上，而非主要是产酶；Kang等[42]将*Aspergillus niger*固定在铁铝酸四钙和聚氨酯泡沫上，采用泡罩塔反应器发酵纤维素酶，纤维素酶酶活力与摇瓶发酵相比，提高了2倍。除了提高纤维素酶发酵酶活力外，固定化细胞还具有反复使用、提高底物转化率和缩短发酵周期等特点，进而显著提高纤维素酶的生产效率。

1.7 代谢工程和发酵性能提升

发酵条件优化和菌株基因工程改造常被用于提高纤维素酶的生产，通过基因突变技术可以提高纤维素酶发酵菌株的生产效能，常用的基因突变技术包括物理诱变（紫外诱变、X—射线，γ-射线等）、化学诱变（碱基类似物、烷化剂等）、组合诱变和基因工程技术等。纤维素酶效能提升策略如图1.10所示。

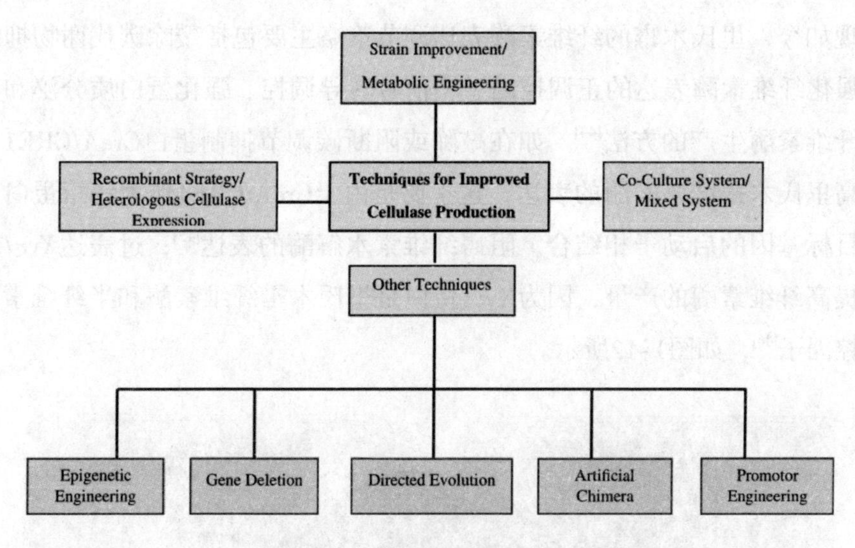

图 1.10　纤维素酶效能提升策略

1.7.1　纤维素酶基因调控

不同的微生物，包括细菌、放线菌和真菌，其纤维素酶的基因表达调控不一样，真菌由于能分泌大量的高效率水解碳水化合物的活性酶，常被用于工业化生产，尤其是里氏木霉，在乳糖诱导下，细胞外蛋白质浓度可以达到30 g/L[43]。正是由于这些特性，里氏木霉纤维素酶的调节机制得到了广泛的研究，科学家们已经对里氏木霉RUT C30的基因组进行测序，并构建了纤维素酶表达控制的代谢网络，通过代谢网络，能够为提高微生物纤维素酶生产效能提供理论依据，如图1–11所示。

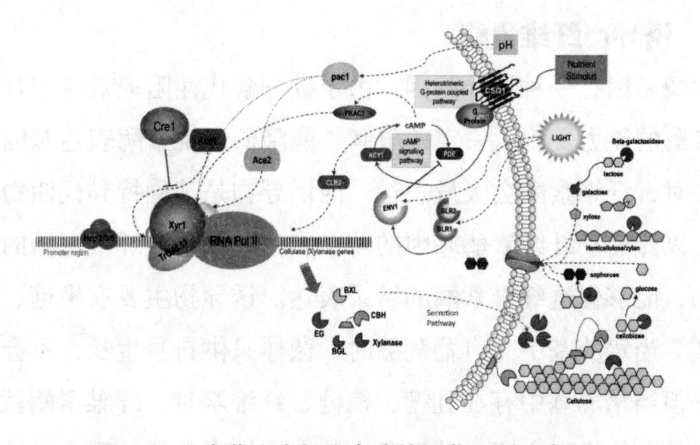

图 1.11　真菌生产纤维素酶的调节机制示意图

现如今，里氏木霉的纤维素酶表达调节策略主要包括敲除碳代谢物抑制基因、强化纤维素酶表达的正调控因子、信号转导调控、强化蛋白质分泌和其他提高纤维素酶生产的方法[44]。如在敲除或阻断碳调节抑制蛋白CreA/CRE1，可以提高里氏木霉纤维素酶的表达，这主要是由于CreA/CRE1作为锌指蛋白，可以与目标基因的启动子相结合，阻碍纤维素水解酶的表达[45]；过表达*Xyr1*基因可以提高纤维素酶的产量，因为Xyr1蛋白是里氏木霉纤维素酶和半纤维素酶的正调控因子[46]，如图1–12所示。

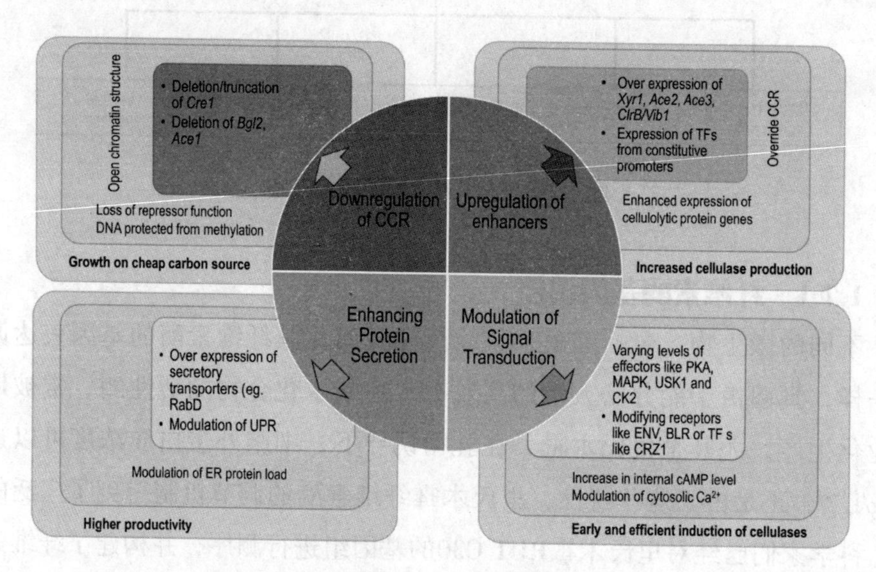

图 1.12 提高真菌纤维素酶的基因调控策略

1.7.2 诱导产纤维素酶

纤维素酶基因是一种诱导基因，由于碳分解代谢阻遏效应的存在，里氏木霉产纤维素酶的能力受到了一定的限制，能降低纤维素酶表达基因的表达。当诱导物存在时，纤维素酶会大量表达。而诱导物是某种特异代谢物，能与某一蛋白结合，以此启动纤维素酶基因的转录表达。在生产纤维素酶的发酵过程中添加诱导物，能够促进纤维素酶的转录表达。诱导物主要有聚糖、寡糖和单糖等一些糖类。当培养基中只有葡萄糖时，菌体只供自身生长，不会诱导纤维素酶的产生。但当培养基中存在乳糖、槐糖、纤维素时，纤维素酶就会被诱导产生。沈丽君等[47]的研究表明，在里氏木霉产纤维素酶的过程中，碳源为主要的诱导产酶因素，分为可溶性碳源和不可溶性碳源。

可溶性碳源主要有槐糖和乳糖，而槐糖的诱导能力是纤维二糖的2500倍，是微晶纤维素等物质的几十到几千倍。因此槐糖被认为是目前产纤维素酶的最佳诱导物。乳糖是目前较为常用的诱导物，但其价格昂贵，作为诱导物会导致产酶的成本上升，因此选择一种廉价易得、效果好的诱导物就尤其重要。

1.7.3 共培养技术

在生物炼制的过程中，大部分研究人员都采用纯培养技术，但是对于纤维素酶这一复合酶系来说，单一功能基因的表达受到抑制，将影响纤维素酶的整体活性。在里氏木霉产纤维素酶过程中，β-葡萄糖苷酶一般含量较低，导致纤维二糖的积累，影响纤维素酶的综合效能，因此，添加一种能合成β-葡萄糖苷酶的微生物和里氏木霉混合发酵，能有效地提高纤维素酶的活力。如将Geobacillus sp. W2-10和C. Thermocellum CTI-6共同培养，纤维素水解酶的活力从0.23 U/mL提升到0.47 U/mL[48]。

1.8 纤维素酶固定化

酶分子构象复杂、分子量大，易受到物理化学因素的影响而改变其生物活性。固定化酶可提升酶的稳定性及催化效果，克服游离态酶的缺陷，从而使纤维素酶降解纤维素的效果更加显著。用于固定化反应的载体应该成本较低，表面积大，适用于工业化大规模应用。酶的固定化是指将游离态酶固定于载体中，方便使用，且不影响酶的催化活性。酶的固定化技术是从20世纪60年代开始兴起的，通过将可溶性的酶与不可溶性的载体结合起来，将酶局限于一定的环境空间内，使纤维素酶可以重复利用，解决了游离酶性质不稳定、利用率不高、不易分离等缺点，并且将酶固定起来丝毫不影响酶的催化作用。在1971年举行的第一届国际酶工程会议中，正式采用了“固定化酶”这一名字。

1.8.1 酶固定化方法

酶的固定化方法主要包括物理法和化学结法，如图1.13所示。物理法包括吸附法和包埋法，酶分子通过非共价键与载体间的结合力连接。化学法主要指蛋白分子交联和共价结合，酶分子与载体的醚键等形成共价键结合。

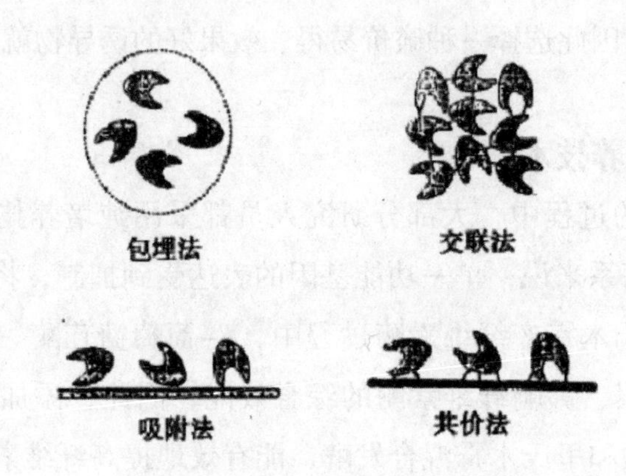

图 1.13 纤维素酶的固定化方法

（1）交联法

利用交联剂与游离纤维素酶可以发生反应的特点，得到具有不可溶性的固定化纤维素酶。常用的交联剂，如戊二醛，获得成本低、使用方便，但是正是因为交联剂的功能基团与游离酶反应，且戊二醛作为交联剂时与酶反应剧烈，如果不能够很好地控制戊二醛的浓度，就会使得制得的固定化纤维素酶稳定性较低，很容易丧失酶活力，所以通常与其他的酶固定化方法联合使用。李皓等[49]采用包埋交联法固定中性蛋白酶，通过使用戊二醛交联剂，以壳聚糖为载体，进行固定化中性蛋白酶的性质测定，发现固定以后酶的稳定性要比游离纤维素酶高，而且固定以后重复使用酶的次数可以增加，更容易被市场接受。

（2）包埋法

包埋法是指将游离酶固定于具有一定网格结构的载体材料中，可以实现对酶活力的充分保护，也不会影响固定化酶发挥酶的催化作用。通常使用凝胶包埋法进行酶的固定，通过往含有酶的缓冲液中加入交联剂，交联剂使酶存在于一个不溶性空间中。但是如果酶的体积超出一定的范围，就会影响酶固定化效果。Aki[50]尝试采用包埋法以海藻酸钠为载体进行脂肪酶固定实验，改变外界条件，确定制备固定化脂肪酶的最佳方案，与游离脂肪酶相比，更容易保护酶蛋白不流失。

（3）吸附法

吸附法固定酶是指利用较易获得的载体材料与酶分子之间的弱作用力，将酶固定到不可溶性载体上，实现游离酶的固定化。常见的吸附法固定纤维素酶的载体材料如大孔陶瓷、活性炭等，吸附法所需条件温和，固定化效果好，一般可通过滤纸酶法测定纤维素酶活力。但是由于是通过物理吸附作用使酶与载体结合起来，所以一旦外界条件因素发生改变，固定化酶就很容易脱离载体变为游离酶，就丧失了固定化酶的意义。隋颖、张立平[51]通过使用大孔树脂、有机硅、壳聚糖为载体，分别进行脂肪酶的固定化实验，结果表明，吸附法制得的固定化脂肪酶的稳定性、可重复利用率都高于游离的脂肪酶。

（4）共价结合法

共价结合法在酶分子固定方法的实际应用中是最受欢迎的，因其制得的固定化酶在实际应用中抗击打能力强、稳定性非常好，符合大型工厂中连续性操作的原则。该法通常利用载体上活性基团能与酶分子基团中的氨基酸发生化学反应的原理制得稳定的固定化酶。刘佳、赵再迪、孙溪[52]通过水热法制备壳聚糖作为载体，分别使用共价结合法、交联法制备固定化纤维素酶，结果表明通过共价结合法制得的固定化纤维素酶不论是在与载体的亲和力方面，还是在酶催化性能的发挥上，纤维素酶各方面的性能都要优于交联法制得的纤维素酶。

1.8.2　固定化酶的载体

固定化酶的载体材料影响着固定化的效率。固定化酶所使用的载体根据材料可以分为无机载体、高分子载体、复合载体及新型载体等。载体的耐热性、利用性、化学稳定性、与酶的亲和性、成本等都成为其作为固定化载体所要考虑的因素，好的固定化载体意味着固定化酶的效率更高，更节约成本、时间，所以新载体的研究越来越受到人们的重视。

（1）无机载体

无机载体具有一些有机材料不具备的优点，如稳定性好、机械强度高、无毒无害、耐酸碱、寿命长常见的无机载体材料有氧化硅、活性炭、氧化铁、多孔玻璃等。无机硅藻土或多孔玻璃比有机载体更耐微生物降解、热稳定性更高并且价格更低，从而受到人们的重视。张巍巍[53]研究了以新型碳纤维为载体固定化酶的效果，探讨了酶活力变化、载酶量，以及热稳定性的变化规律及制约因素。结果表明：以碳纤维作为载体固定化脂肪酶吸附法更好。残留活性研究表明，固定化脂肪酶残留活性为1.27%，果胶酶的残留活性为0.90%，脂肪酶在固定化时有效利用率较高。

（2）高分子载体

高分子载体有天然和有机合成高分子两种，最大的特点是无毒、传质性能好，但是天然高分子材料强度很低，非常容易分解，寿命较短。常见的天然高分子载体包括海藻酸钠、壳聚糖等。有机合成高分子载体具有可以抗腐蚀，机械强度较大，有很好的寿命等特点。主要有淀粉、聚丙烯腈、苯丙烯酰胺。Shakeri等[54]利用烷烃基团修饰的介孔发泡塑料（MCF）对脂肪酶进行吸附固定化，分别用不同的硅烷化试剂处理修饰载体。研究结果表明，随着修饰基团中烷基链长度的增加，所得固定化酶的转酯活力更高。Rauf等[55]将葡萄糖氧化酶固定于新型醋酸纤维素上，在70℃时仍能保持46%的相对活力。在经过35次重复使用后能保持33%的相对活力，经过1个月的储存后还有 94%的相对活力。

（3）复合载体

复合载体是把有机材料和无机材料进行复合组成新的载体材料，它往往有两方面的优点：通过复合可改进材料的性能提高它们的价值；是研究固定化酶技术载体改良的一个很热门的研究方向。梁江[56]制备出三种氨基修饰的壳聚糖-SO_2纳米复合载体固定化磷脂酶D，壳聚糖与 SiO_2 的质量比为 0.1，碱液浓度为 4mol/L时，固定化磷脂酶D的酶活力最高。

（4）新型载体

随着研究的进展，越来越多的载体被发现，其中介孔材料是最近研究发现的新型载体之一。它是一种多孔固体材料，具有规律的孔道，大小为2–50 nm，它的发现使酶的固定化更加高效。侯红萍等[57]以SBA-15为载体，戊二醛为交联剂，对糖化酶进行了固定化。结果表明，固定化酶的最佳条件为酶与载体比例为50 mg/g、固定化温度为25℃、固定化时间为4 h、pH值为5.1、戊二醛体积分数为7.5%，此条件下固定化酶活力回收率为56%。固定化酶的最适作用温度为70℃，最适pH值为4.1。

1.8.3 纤维素酶固定化的研究现状

纤维素酶由于是多酶复合体，在催化的时候易失活，且价格昂贵。因此，如何提高纤维素酶的稳定性和降低纤维素酶的使用成本成为当今研究的热点问题。1985年6月，中国微生物学会、中国林学会等在陕西成功召开第一届全国纤维素酶学大会，正式确立了纤维素酶学组，开始对纤维素酶相关性质与应用进行系统化研究，同时纤维素酶的固定化研究也取得了可喜的成绩。

刘倩[58]通过设计复合型磁性载体材料——磁性复合微球进行纤维素酶和辣根过氧化物酶的固定，结果表明酶可回收效率以及对外界环境变化的抵抗性能都要高于普通的酶固定方法。夏黎明等[59]以硫酸盐为底物，利用固定里氏木酶细胞吸附，多次分批发酵，检测滤纸酶活力，结果表明，固定化里氏木酶细胞的酶液可以有效地降解纤维素原料，降解率接近于95%。兰州理工大学的谈昭君[60]通过往高锰酸钾溶液中添加油酸的方法得到磁性纳米载体材料，用磁性纳米材料固定纤维素酶得到的纤维素酶固定率高，连续使用十次左右时，固定化效果依然维持在60%左右，并且稳定性也比较高，当反应体系温度调至60℃时，其相对酶活力依然维持较高的水平。黄月文等[61]利用聚合物的温度敏感性特点提供合适的环境条件进行纤维素酶固定化实验，即当环境温度高于该聚合物的临界温度或低于该聚合物的临界温度时，该聚合物聚就处于不同的物理状态下，纤维素酶的保留酶活力接近于60%。由于聚合物可以受温度调控改变自身状态的这一特点，使得用该法固定得到纤维素酶在发挥其催化反应后更方便实现与目标产物的分离，不仅实现了工艺流程的缩短，而且可以提高目标产物纯度，符合投入市场实际应用的需求。李丽娟等[62]研究采用了多壁碳纳米管作为纤维素酶的固定化载体，在实验中应用酸处理获得了功能化的多壁碳纳米管，通过物理吸附法固定化纤维素酶，为固定化纤维素酶提供了一种新的方法，通过对固定化酶及游离酶的热稳定性进行研究，结果表明功能化的多壁碳纳米管固定化纤维素酶较游离酶具有较高的热稳定性。通过对固定化酶及游离酶的pH稳定性进行研究，表明功能化的多壁碳纳米管固定化纤维素酶的pH稳定性有所提高。

第 2 章　产纤维素酶菌株的筛选与鉴定

2.1　前言

秸秆是各类农业作物采收后剩下的作物枝叶、茎蔓等，是最廉价的可生物降解的可再生物质。目前秸秆的主要利用方式包括还田、焚烧、栽培食用菌等，不仅污染环境，并且其使用价值较低。因此，合理开发利用纤维素，并将纤维素降解成可发酵糖，经生物催化转化成高附加值的生物化学品是世界各国研究的重点。而在木质纤维素转化成可发酵糖的过程中，纤维素酶为催化木质纤维素综合利用的关键和限速步骤。筛选纤维素酶高产菌株，降低纤维素酶生产成本和拓宽纤维素酶的适应能力，是解决纤维素利用难题的途径之一。目前，纤维素酶的生产菌株主要有细菌、真菌、放线菌等，其中工业上常用的菌株多为产酸性胞外纤维素酶的木霉和曲霉，本章研究主要从秸秆废弃物中，采用菌种分离技术，筛选出数种适应性较强的纤维素酶产生菌，并对筛选菌鉴定、发酵性能研究，获取满足理论研究和生产应用、纤维素分解能力相对较高的纤维素酶生产菌株。

2.2　材料和方法

2.2.1　材料

主要材料有腐土（平西湖周围及城建学院校内花园内采集）、牛粪（牛场）、秸秆堆放下黄土。

2.2.2 设备与仪器

实验使用的主要设备与仪器如表2.1所示。

表 2.1　主要设备与仪器

主要仪器	购买公司
生化培养箱	上海一恒科学仪器（北京）有限公司
电子天平	上海浦春计量仪器有限公司
pH 计	梅特勒－托利多（上海）有限公司
高温高压蒸汽灭菌锅	施都凯仪器设备（上海）有限公司
超净工作台	苏州市汇盛净化设备厂
恒温振荡器	北京东联哈尔仪制造有限公司
高速离心机	科大创新股份有限公司
紫外可见分光光度计	北京普析通用仪器有限责任公司
微波炉	广东美的厨房电器制造有限公司
电磁炉	北京中兴伟业仪器有限公司
电热恒温鼓风干燥器	上海百典设备有限公司
正置生物显微镜	重庆奥普光电技术有限公司
数显电子恒温水浴锅	常州国华电器有限公司
涡旋振荡器	其林贝尔仪器制造有限公司
循环水式多用真空泵	予华仪器设备有限公司
冰箱	合肥美菱股份有限公司
电泳仪	北京市六一仪器厂
通风橱	郑州雷博尔实验室设备有限公司
PCR 仪	BIO-RAD 有限公司
凝胶成像仪	英国 Syngene 公司

2.2.3 培养基

（1）LB（Luria–Bertani）液体培养基（500 mL）：5 g蛋白胨、2.5 g牛肉膏、5 g氯化钠。

（2）LB固体培养基：（1）中的培养基每100 mL加1.8 g琼脂粉。

（3）羧甲基纤维素钠（CMC–Na）分离筛选培养基：含有终浓度0.5% CMC–Na的LB固体培养基。

（4）种子活化液体培养基：液体的LB培养基。

（5）液体发酵产酶培养基：蛋白胨0.3%、酵母膏0.02%、$(NH_4)_2SO_4$ 0.2%、KH_2PO_4 0.2%、$MgSO_4 \cdot 7H_2O$ 0.03%、$CaCl_2 \cdot 2H_2O$ 0.03%、CMC–Na 1%，pH自然（注：CMC–Na分装到试管或者锥形瓶之后加入）。

2.2.4 主要试剂

（1）刚果红染液：100 mL蒸馏水中加入0.3 g的刚果红。

（2）刚果红染色脱色液（1 mol/L NaCl）：准确称14.61 g氯化钠用去离子水溶解，然后用水定容至250 mL。

（3）冰醋酸–醋酸钠缓冲液：称取2.06 g醋酸钠，放置于烧杯中，加入200 mL蒸馏水溶解后，用冰醋酸调节pH值到4.8左右，再加入蒸馏水定容至500 mL。

（4）3,5–二硝基水杨酸试剂（DNS试剂）（5 L）：称取31.5 g的3,5–二硝基水杨酸（DNS）搅拌溶于1.31 L 8%（*w/v*）NaOH热溶液中后，将其与2.5 L 36.4%（w/v）酒石酸钾钠热溶液混合均匀后，再分别加入25 g的亚硫酸钠和苯酚（有毒，在通风橱配置）并搅拌溶解均匀，待冷却室温定容到5 L，分装于棕色试剂瓶中，室温避光保存，7 d后使用。

（5）葡萄糖标准使用溶液（1 mg/mL）：称取0.1 g葡萄糖于烧杯中，用蒸馏水溶解后，移至容量瓶中，定容至100 mL摇匀。

（6）碘液、95%无水乙醇、蕃红染色液、结晶紫染色液、香柏油、镜头清洗液。

（7）PCR所需试剂：2 dNTP Mix、DNA聚合酶、2×Phanta Max Buffer、DNA Maker（DL 15000）购于南京诺唯赞生物科技有限公司（Vazyme）以及loading buffer、核酸染色剂：GoldView 1型，购于北京索莱宝科技有限公司。

（8）PCR引物：是16SrDNA通用引物。

（9）50×电泳缓冲液（500 mL）：称取121g Tris，9.3g EDTA，27.5 mL冰乙酸溶于400 mL蒸馏水中，然后定容至1 L。

（10）1×的电泳缓冲液配制方法：将50×TAE溶液与蒸馏水以1：49的比例充分搅拌混匀后，装入试剂瓶并标注，置于室温保存。

2.2.5　实验方法

（1）木质纤维素降解细菌的初次筛选

①称取5 g采集的材料，于超净工作台下放入盛有40 mL无菌水的三角瓶中，然后将三角瓶放入摇床中于30℃，150 r/min条件下30 min使样品充分溶解于无菌水中，静置待用。

②用移液枪取1 mL样品溶解液置于1.5 mL离心管中，将其进行梯度稀释，稀释浓度分别是10^{-1}、10^{-2}、10^{-3}、10^{-4}、10^{-5}、10^{-6}。将10^{-3}–10^{-6}的每个样品用移液枪取100 μL用灭过菌的涂布棒均匀涂布到CMC–Na分离筛选培养基上。然后将其放置37℃的生化培养箱进行培养3 d，每天观察菌株的生长情况。

③将菌落生长良好且较多的菌株的培养基在超净工作台下用0.3%的刚果红染液进行染色20 min，然后用1 mol/L的NaCl溶液进行脱色10 min，观察，挑选出7株透明圈较大的菌株。

（2）菌株的分离纯化

①在超净工作台下，将上面得到的7株透明圈大的菌株用接种环挑出，利用划线法将它们划线于LB固体培养基上，并分别编号1–7号，放置于37℃生化培养箱培养2 d。每天观察生长情况。

②在无菌环境下，用接种环刮取LB培养基上纯化的菌株，接种于LB固体斜面培养基上，分别编号1–7号，放置于37℃生化培养箱培养，每天观察菌株的生长情况，待LB固体斜面培养基长满后，放置于4℃冰箱中进行原始菌株的保存。然后在无菌条件下，将原始菌株再用甘油管保存于–20℃冰箱里。

③菌株的形态观察及刚果红染色筛选

①在无菌条件下，用灭过菌的枪头刮取保存于斜面固体培养基的原始菌株，然后将枪头扎在新的LB固体培养基的正中央，在37℃的生化培养箱中进行培养3 d，观察菌株的形态。

②将上述培养好的菌株，在无菌条件下用0.3%刚果红染色液染色10–15 min，再用1 mol/L NaCl溶液进行脱色10 min，验证对木质纤维素降解的效果来初次筛选菌株。

（4）滤纸酶活力的测定

①葡萄糖标准曲线的绘制：

准备6个试管，分别编号0–5号，每个试管中按照表2.2顺序操作，依次进行反应最终记录吸光值（1–5号管为三个平行）。以葡萄糖使用量为横坐标，将540 nm处测得的反应后的吸光值作为纵坐标绘制标准曲线。

表 2.2　葡萄糖标准曲线绘制步骤

步骤 \ 试管编号	空白	葡萄糖标准液				
	编号 0	编号 1	编号 2	编号 3	编号 4	编号 5
葡萄糖标准使用液 /mL	0	0.05	0.1	0.15	0.2	0.25
冰醋酸 – 醋酸钠缓冲液 /mL	0.3	0.25	0.2	0.15	0.1	0.05
DNS 溶液 /mL	各 0.6					
反应	各管分别混匀，沸水浴 5 min					
定容	冷却至室温，将蒸馏水用移液枪定容至 5 mL					
比色	以 0 号管为空白对照，在 540 nm 处测定各管吸光值					

②3–7 d的菌种的滤纸酶活力的测定：

A.在无菌条件下，将试管保存的原始菌株用灭过菌的枪头刮取一点，然后连同枪头一起打入种子活化培养基中，在恒温振荡器中（条件为30℃、150 r/min）活化1 d。

B.将上述活化好的培养基中菌液用移液枪精确吸取1 mL转移到液体发酵产酶培养基中，在30℃、150 r/min情况下在摇床上进行发酵培养。

C.粗酶液的制备：从发酵液中用移液枪准确移取1–1.5 mL离心管中，12 000 r/min、离心2 min，得到上清液即为粗酶液。

D.将滤纸裁剪称重，约为（50 ± 0.5）mg，1 cm × 6 cm，折叠成“M”形放入试管中，然后加入0.3 mL缓冲液以及0.5 mL的粗酶液，滤纸要淹没于溶液中，恒温50℃的条件下反应1 h后，然后迅速加入0.6 mL DNS试剂终止反应，并将试管于锅中煮沸10 min，然后将蒸馏水用移液枪定容到5 mL。空白对照管分别加入滤纸、缓冲液、酶液后直接加入DNS试剂终止反应，然后煮沸10 min，加水定容至5 mL。

E.以空白管为对照，将每天定容后的液体在540 nm波长下读取吸光值。

③酶活力单位定义：1个酶活力单位（U）是指在一定的反应条件下，每分

钟水解底物能够释放1 μmol还原糖所需要的酶的用量，单位为U/mL。

$$U=(m\times 1000)/(0.1\times 180\times 60) \tag{2.1}$$

（5）菌株的革兰氏染色观察鉴定

①在无菌条件下，用接种环刮取菌株溶解于1 mL无菌水中，用涡旋振荡器振荡使其充分溶解。

②将溶解的菌株用枪取200 μL放置于一个载玻片上，将载玻片放在酒精灯上方进行干燥固定菌株。

③将载玻片上固定好的菌株进行结晶紫染色1 min，然后用蒸馏水进行冲洗，再用碘液覆盖菌株染1 min，用水进行冲洗，然后用95%乙醇进行脱色，然后水洗，最后用蕃红染色液染1 min，蒸馏水冲洗，干燥，进行镜检。

（6）菌株对滤纸崩解试验

①在无菌条件下，将试管保存的原始菌株用灭过菌的枪头刮取一点，然后连同枪头一起打入种子活化培养基中，在恒温振荡摇床中30℃、150 r/min活化1 d，观察菌液的浑浊程度来判断活化的程度。

②在超净工作台中，将灭过菌的干重0.5 g的新华滤纸放置于灭菌试管中，加入10 mL液体产酶培养基，然后将活化好的菌液取1 mL加入试管中，其中一个试管不加入菌液，用无菌水代替菌液作为空白对照试管，然后放置30℃、150 r/min的摇床中培养7 d，观察滤纸崩解的情况，每个实验三个平行。

③将试管中的滤纸用真空抽滤法将其进行抽滤出来，然后用电热恒温鼓风干燥器在60℃条件下干燥，然后进行称重，计算失重率。

（7）菌落PCR及16S rDNA鉴定

①将保存的7株原始菌株在无菌条件下挑出溶解于含有无菌水1.5 mL的离心管中，利用振荡器使其完全溶解于无菌水中。

②分别吸取10 μL的溶解于离心管中的菌液，放于PCR仪中进行98℃、10 min，裂解细胞壁，使基因组DNA释放出来。

③以（2）中的反应后的菌悬液为模板，加入细菌16S通用引物利用PCR仪进行扩增。

④在冰盒中构建PCR体系，如表2.3所示。

⑤将（4）中的体系混匀后置于PCR仪中进行扩增，具体的程序设定见

表2.4。

⑥配制1%的琼脂糖凝胶，并准备进行电泳，琼脂糖凝胶配制方法见表2.5。

⑦将加入染色剂的1%琼脂糖凝胶，倒入插有梳子的样品板中，静置5 min等待凝胶完全凝固，取下梳子将样品板放入含有1×TAE电泳缓冲液电泳槽中。

表 2.3 PCR 反应体系

试剂	使用量 /μL
2×Phanta Max Buffer	12.5
dNTP Mix	0.5
DNA 聚合酶	0.5
菌液	1
ddH_2O	8.5
上游引物	1
下游引物	1
总体积	25

表 2.4 PCR 程序设定表

反应顺序编号	温度	时间	步骤
1	95℃	3 min	预变性
2	95℃	15 s	变性
3	60℃	15 s	退火
4	72℃	30 s/kb	延伸
5	72℃	5 min	彻底延伸
6	12℃	2 h	保存于 PCR 仪中

注：本表为一个循环，一共进行 35 次循环，PCR 完成后可以暂时保存于 PCR 仪中（12℃）。

表 2.5 1% 琼脂糖凝胶配方

试剂名称	用量
1×TAE 电泳缓冲液	20 mL
琼脂糖	0.2 g
核酸染色剂（胶溶解后冷却至室温加入）	μL

⑧用移液枪吸取2 μL DNA loading buffer置于一次性塑料手套上，首先将7株菌悬液的PCR产物取5 μL与其充分混合后，用移液枪吸取5 μL混合物加入加样孔中；其次用移液枪吸取5 μL DNA Marker加入加样孔中，记下每个加样孔的顺序；最后打开电泳仪，设置电压仪电压为200 V，电流为150 mA。待电泳到整块凝胶的2/3处时停止电泳，时间约为20 min。

⑨将凝胶分离出来，然后用凝胶自动成像仪观察电泳的结果。

⑩将剩余的菌悬液PCR扩增产物，送去天津金唯智生物科技有限公司进行测序。

⑪将得到的7株菌株16S rDNA基因序列在NCBI中进行序列比对，得到其同源性的关系，将得到的相似序列利用BioEdit软件进行序列Blast序列比对，将比对好的序列保存为FASTA格式，然后利用MEGA5.10构建各个菌株系统发育树，通过同源性分析以及系统发育树进一步确定菌株的种属。

2.3　结果与分析

2.3.1　菌株的初步筛选及分离纯化

如图2.1所示，从稀释1000倍中的牛粪样品中筛选出了7株经刚果红染色后形成透明圈的菌株，初步判定为可以降解木质纤维素的菌株，依次编号为1–7号。对图2.1中有透明圈的菌株进行划线分离纯化得到纯化的单个菌落的7株菌株，如图2.2所示，肉眼观察其表观形态，初步判定为细菌。同时将分离纯化后纯种利用甘油管保存于–20℃。

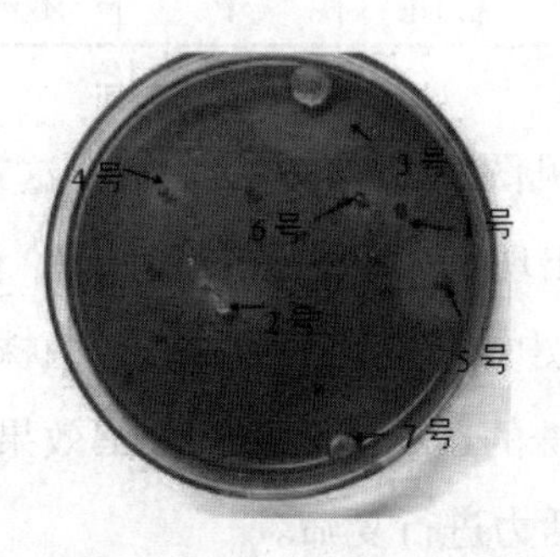

图 2.1　7 株菌株的刚果红染色透明圈观察

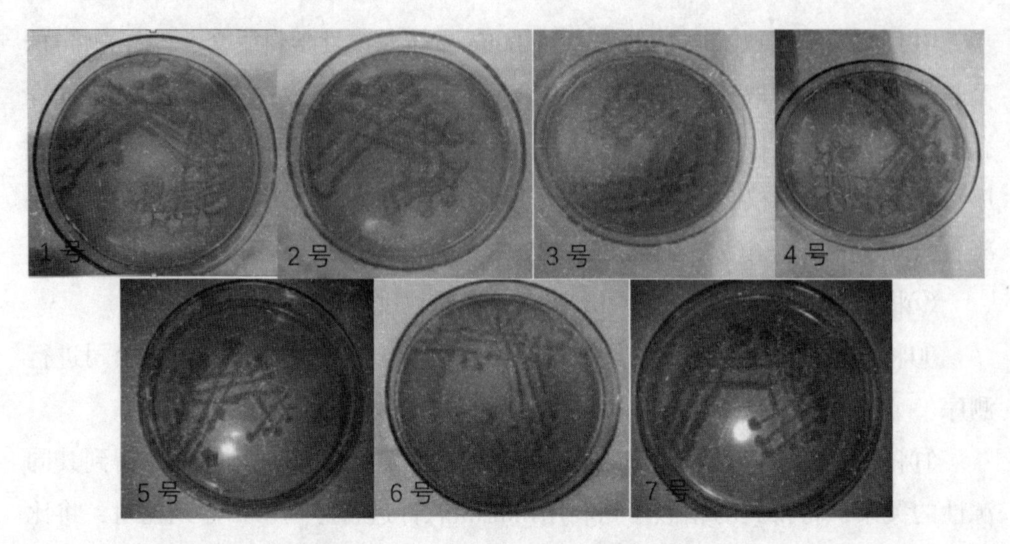

图 2.2 7 株菌株的划线分离纯化图

2.3.2 菌株形态观察及降解能力鉴定

对7株细菌菌株的点板的单菌落进行形态特征的观察，结果如表2.6所示。

表 2.6 菌株的菌落形态

编号	形态	突起	颜色	干湿	光滑度	质地	透明度
1	不规则絮状	无	乳白色	干	光滑	不均匀	不透明
2	不规则圆状	无	半乳白色	干	光滑	均匀	半透明
3	树枝状	无	乳白色	干	不光滑	均匀	不透明
4	树枝状	无	乳白色	干	光滑	均匀	半透明
5	椭圆状	无	乳白色	干	不光滑	均匀	不透明
6	近似圆状	无	乳白色	干	光滑	均匀	不透明
7	树枝状	无	乳白色	干	不光滑	均匀	不透明

刚果红染色验证结果见图2.3，由图2.3可知，这7株菌株纯化后的单菌落点板后进行刚果红染色，均出现了大小不一的透明圈，说明这7株菌株对木质纤维素都有降解作用，而且从图中可知3号菌株和7号菌株的透明圈较大，降解效果较好，而1号菌株和4号菌株的透明圈较小，降解效果较差，其余的菌株透明圈相近，进一步测定滤纸酶活力进行复筛。

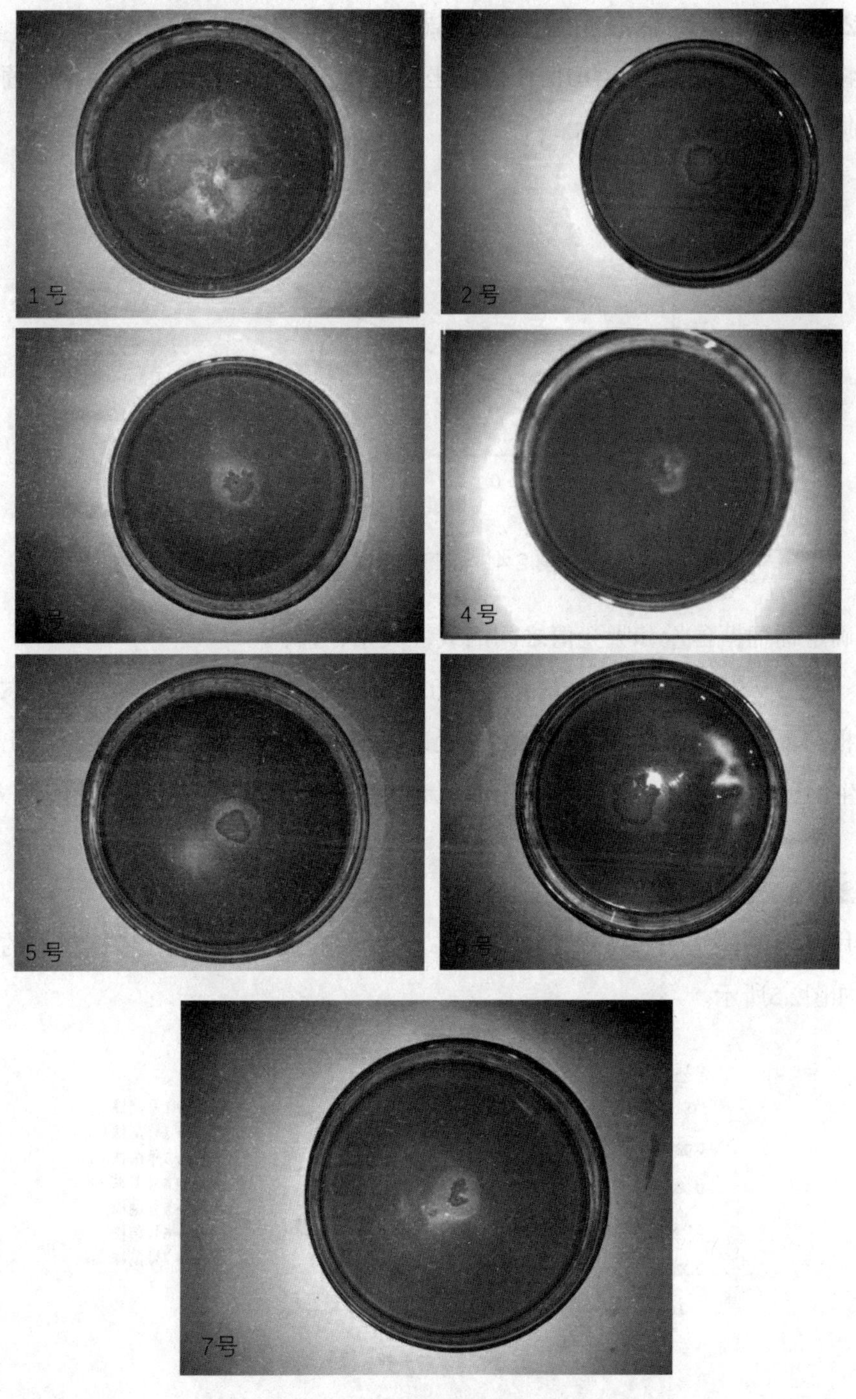

图 2.3　7 株菌株单菌落的刚果红染色结果

2.3.3 葡萄糖标准曲线测定结果

将在540 nm处测得的OD值作为纵坐标，以葡萄糖含量为横坐标绘制葡萄糖标准曲线，结果如图2.4所示。

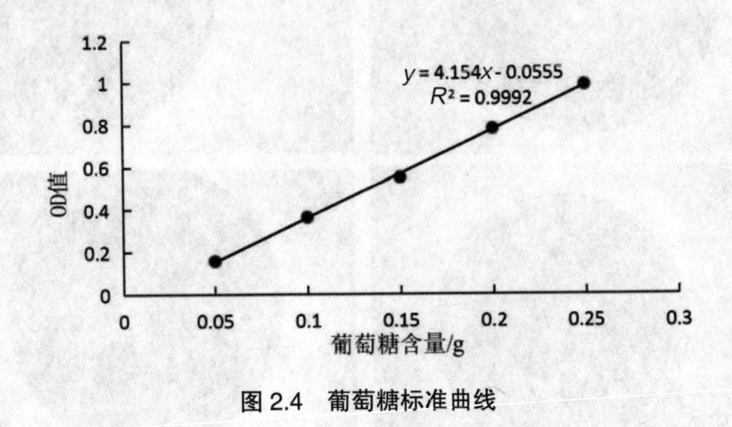

图 2.4 葡萄糖标准曲线

确定葡萄糖含量和吸光值之间的线性关系，即：

$$y=4.154x-0.0555 \qquad R^2=0.9992 \tag{2.2}$$

根据葡萄糖标准曲线和在540 nm处发酵液滤纸反应得到OD值可以求出发酵液产生的葡萄糖含量。通过发酵液葡萄糖含量进一步求出菌株产酶的酶活力。

2.3.4 滤纸酶活力测定

用测得的样品OD值得到葡糖含量，然后根据式（2.2）求出7株菌株的酶活力，如图2.5所示。

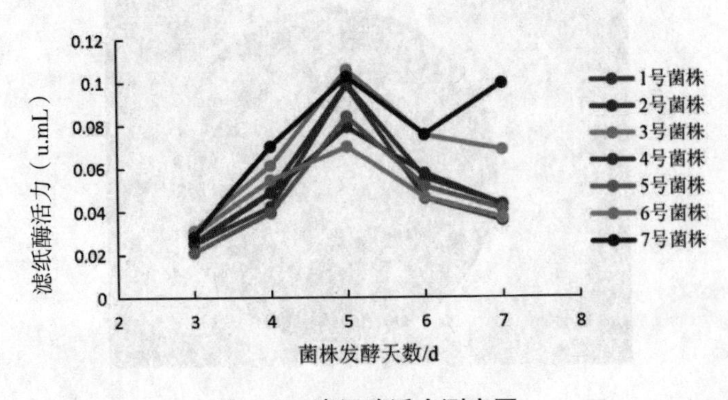

图 2.5 滤纸酶活力测定图

由图2.5可知，7株菌株产纤维素酶效果良好，说明7株菌株对木质纤维素有降解作用。特别是3号菌株和7号菌株酶活力相对其他5株菌株，酶活力更高，产酶效果更好，降解效果良好。在同样的条件下，所有菌株的酶活力都在发酵的第5天达到了峰值，而后菌株酶活力开始下降，表明菌株在第5天的发酵产酶效果最佳，酶活力最高。7号菌株发酵的第5天酶活力达到峰值，而后下降，在发酵的第7天突然上升，分析可能是因为纤维素酶将培养基中的C源和N源利用之后，其自身可以分解C源、N源，进而进行发酵，从而使酶活力增高，这是纤维素酶的另一种反应机制。此外，3和7号菌株滤纸酶活力要高于1、2、4、5、6号菌株，这表明3号菌株和7号菌株可能对木质纤维素的降解效果较好。

由图2.5可知菌株在第5天发酵产酶最好，第5天滤纸反应后的试管对比见图2.6。图中最左边是空白管，然后依次分别是1–7号管，由图可知相对于空白管，发酵液试管中颜色要远深于空白管，说明发酵液产生的还原糖量较高，表明筛选出的7株菌株均有纤维酶的产生，能够将滤纸降解为还原糖，再次验证了筛选出的菌株是可以降解木质纤维素的菌株。

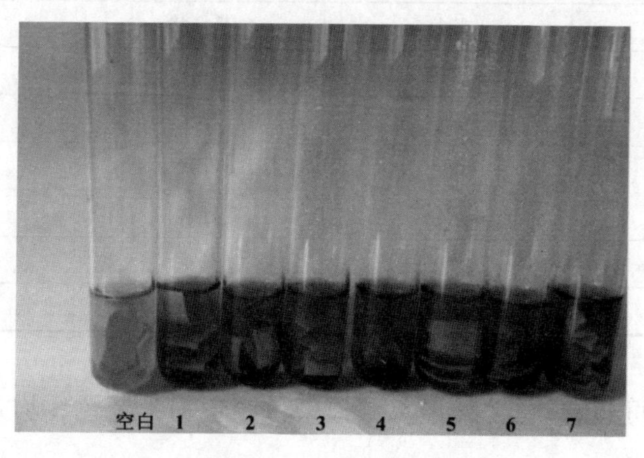

图 2.6　第 5 天滤纸酶活力测定试管

2.3.5　革兰氏染色鉴定

革兰氏染色在显微镜下观察得到结果如图2.7所示。

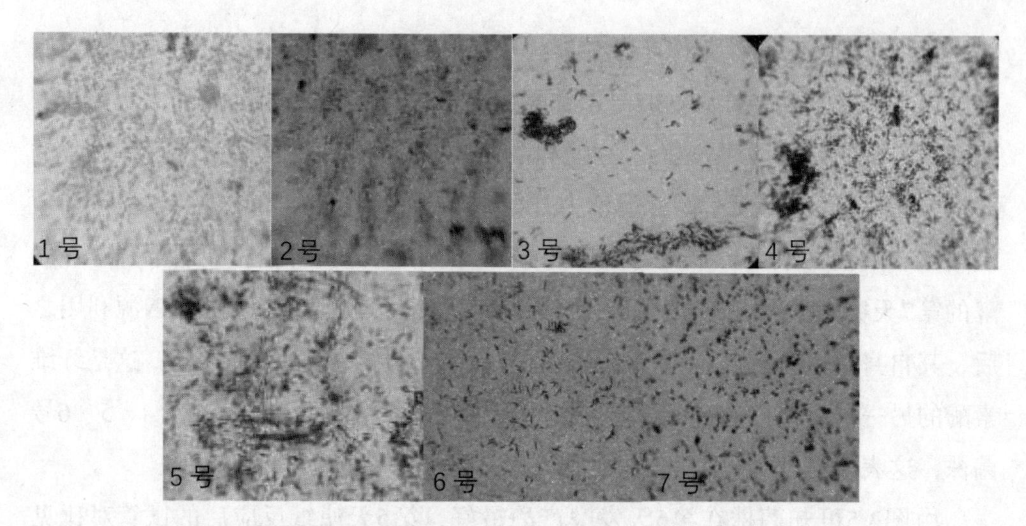

图 2.7 7 株菌株革兰氏染色显微镜观察的结果

对图2.7进行分析结果见表2.7。

表 2.7 革兰氏染色结果

菌株	革兰氏染色	菌体形状	结果
1	紫色	长杆状	阳性
2	紫色	杆状	阳性
3	紫色	杆状	阳性
4	紫色	杆状	阳性
5	紫色	杆状	阳性
6	紫色	杆状	阳性
7	紫色	短杆状	阳性

由表2.7可知，7株菌株经革兰氏染色颜色均为紫色，均是革兰氏阳性（G^+）杆菌。

2.3.6 滤纸崩解实验结果

将初筛菌株进行滤纸崩解实验，结果如图2.8所示，肉眼观察及通过测量结果见表2.8。

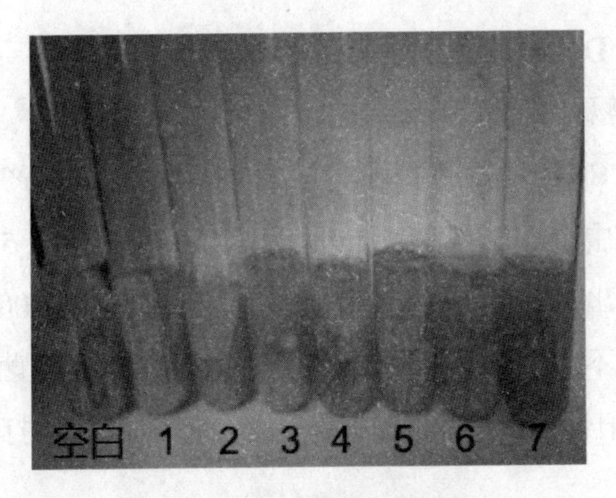

图 2.8　滤纸崩解实验结果

表 2.8　滤纸降解实验

菌株＼类别	滤纸条降解效果	滤纸条崩解后重量 /g	滤纸条失重率 /%
空白	–	0.497 ± 0.002	0.6 ± 0.4
1	+	0.413 ± 0.012	17.4 ± 2.4
2	++	0.356 ± 0.009	28.8 ± 1.8
3	+++	0.346 ± 0.01	30.8 ± 2
4	++	0.387 ± 0.008	22.6 ± 1.6
5	++	0.375 ± 0.011	25 ± 2.2
6	++	0.389 ± 0.016	22.2 ± 3.2
7	+++	0.335 ± 0.007	33 ± 1.4

注：“–”表示几乎无变化，“+”表示滤纸边缘出现破损，但是降解效果不太明显，“++”表示滤纸大部分出现破损，有一些出现糊状，“+++”表示大部分出现了糊状。

由表2.8可知，未加入菌株的试管中，滤纸的形态和形状几乎没有变化，滤纸失重率几乎为零，而加入菌株的试管中滤纸均有不同程度的变化，3号和7号菌株的滤纸降解为糊状，滤纸的失重率达到了30%以上，其他几株菌株滤纸降解效果不如3号和7号菌株，但是各个试管中滤纸均有不同程度的变化，滤纸的失重率也达到了20%左右，远高于空白对照管，说明筛选的菌株对滤纸均有降解能力，滤纸中含有纤维素。这个实验验证了这7株菌株对木质纤维素有一定的降解能力，且3号菌株和7号菌株降解木质纤维素的能力较强。

2.3.7 16s rDNA鉴定分析

（1）PCR扩增及1%琼脂糖凝胶电泳结果

7株菌株进行PCR扩增，将扩增完成的7株菌株的PCR产物进行凝胶电泳，在凝胶自动成像仪中电泳结果如图2.9所示。1、2、3、4、5、6、7、泳道的最亮条带为菌落扩增出的目的条带，7个条带的分子量均在1000–2500 bp，但是6号菌株的目的条带不太明显，扩增效果不好。可能是由于菌落直接进行PCR的时候，由于6号是阳性菌，细胞壁较厚，没有将其细胞壁打破，导致PCR效果不好。

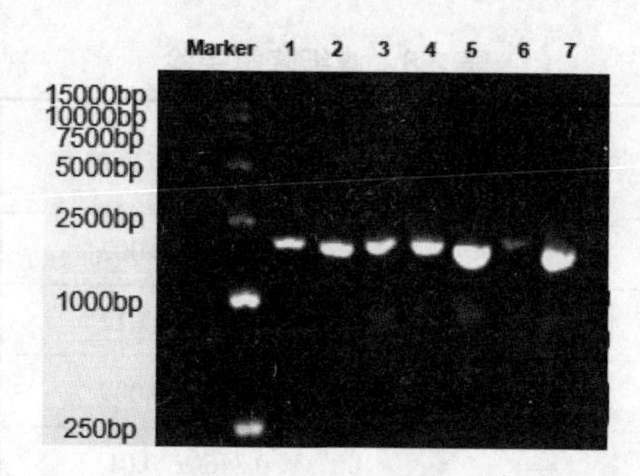

图 2.9 7 株菌株 1% 琼脂糖凝胶电泳检测图

（2）16S rDNA鉴定结果

将1号菌株的16S rDNA基因序列与NCBI数据库中的序列进行氨基酸序列比对，得到很多序列性、相似性高的芽孢杆菌属之类的菌株，其与多株菌株有较高的同源性，同源性在88%以上，见表2.9。由此次比对结果利用MEGA5.10构建系统进化树见图2.10，1号未知菌株为枯草芽孢杆菌，与*Bacillus subtilis strain L1*同源性较高。

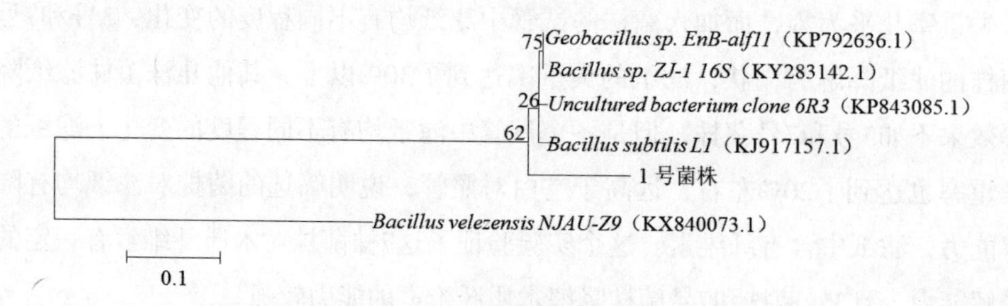

图 2.10 1 号菌株的系统进化树

表 2.9　1 号菌株 16S rDNA Blast 比对结果

登录号	类别	同源性 /%
KP792636.1	*Geobacillus sp. EnB-alf11*	88.07
KY283142.1	*Bacillus sp. ZJ-1 16S*	88.18
KP843085.1	*Uncultured bacterium clone 6R3*	88.40
KJ917157.1	*Bacillus subtilis L1*	88.51
KX840073.1	*Bacillus velezensis NJAU-Z9*	88.39

将2号菌株的16S rDNA基因序列与NCBI数据库中的序列进行氨基酸序列比对，得到很多序列性、相似性高的芽孢杆菌属之类的菌株，其与多株菌株有较高的同源性，同源性在97%以上，见表2.10。由此次比对结果利用MEGA 5.10构建系统进化树，由图2.11可知，2号菌株所属芽孢杆菌属，但是根据形态学和分子鉴定暂时不能确定是哪一个具体菌株，可能是新型芽孢杆菌属，由于时间有限，需要后续验证，将2号菌株暂定为芽孢杆菌属细菌。

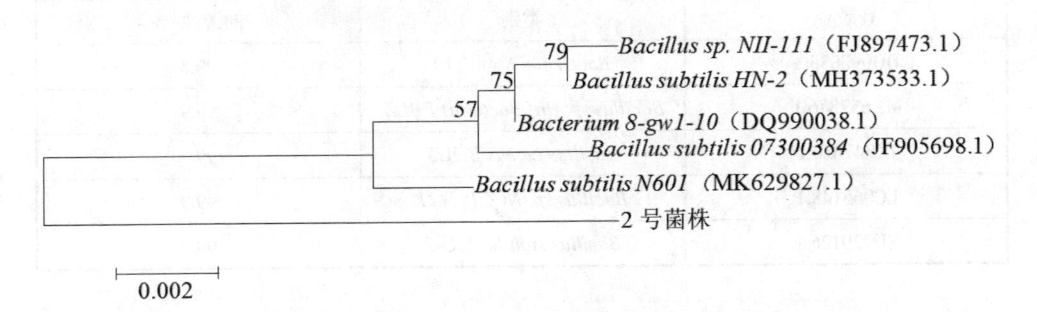

图 2.11　2 号菌株的系统进化树

表 2.10　2 号菌株 16S rDNA Blast 比对结果

登录号	类别	同源性 /%
FJ897473.1	*Bacillus sp. NII-111*	97.82
DQ990038.1	*Bacterium 8-gw1-10*	97.73
JF905698.1	*Bacillus subtilis 07300384*	97.82
MK629827.1	*Bacillus subtilis N601*	97.64
MH373533.1	*Bacillus subtilis HN-2*	97.63

将3号菌株的16S rDNA基因序列与NCBI数据库中的序列进行氨基酸序列比对，所得到序列性、相似性高的菌株均是芽孢杆菌属之类的细菌，与多株菌株的同源性在99%以上，见表2.11。由此次比对结果利用MEGA 5.10构建系统进化树，由图2.12知，3号未知菌株为芽孢杆菌属，结合形态分析及分子鉴定可知3号菌株为蜡样芽孢杆菌。

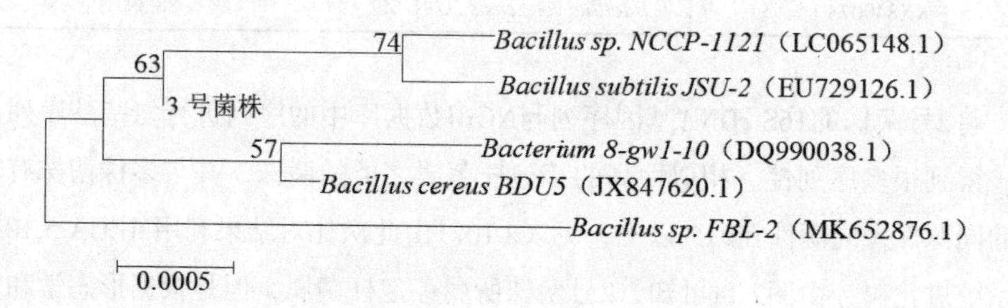

图 2.12　3 号菌株的系统进化树

表 2.11　3 号菌株 16S rDNA Blast 比对结果

登录号	类别	同源性 /%
DQ990038.1	*Bacterium 8-gw1-10*	99.8
MK652876.1	*Bacillus sp. (in: Bacteria) FBL-2*	99.9
JX847620.1	*Bacillus cereus BDU5*	99.7
LC065148.1	*Bacillus sp. NCCP-1121*	99.9
EU729126.1	*Bacillus subtilis JSU-2*	99.7

将4号菌株的16S rDNA基因序列与NCBI数据库中的序列进行氨基酸序列比对，所得到序列性、相似性高的菌株均是芽孢杆菌属之类的细菌，与芽孢杆菌属的同源性在95%以上，见表2.12。由此次比对结果利用MEGA 5.10构建系统进化树，由图2.13可知，4号菌株所属芽孢杆菌属，与很多芽孢杆菌属的细菌有一定的同源性，但都不是进化树中的菌株，根据形态分析及分子鉴定只能认为它是芽孢杆菌属，可能是一种新型芽孢杆菌，需后期进一步进行验证。

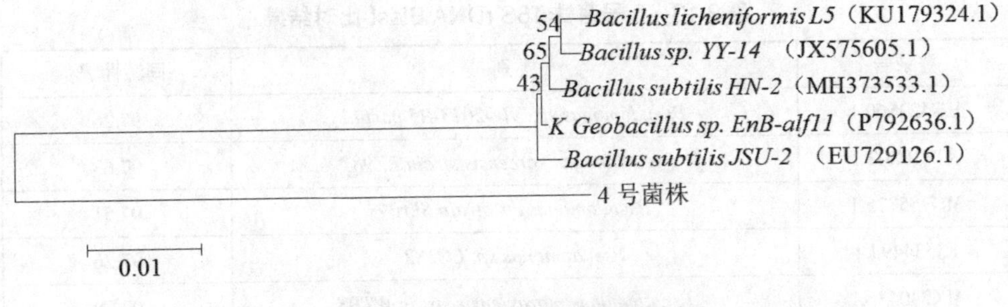

图 2.13　4 号菌株的系统进化树

表 2.12　4 号菌株 16S rDNA Blast 比对结果

登录号	类别	同源性 /%
MH373533.1	*Bacillus subtilis HN-2*	95.56
KP792636.1	*Geobacillus sp. EnB-alf11*	95.34
KU179324.1	*Bacillus licheniformis L5*	95.65
EU729126.1	*Bacillus subtilis JSU-2*	95.44
JX575605.1	*Bacillus sp. YY-14*	95.54

将5号菌株的16S rDNA基因序列与NCBI数据库中的序列进行氨基酸序列比对，所得到序列性、相似性高的菌株均是假单胞菌属之类的细菌，且与假单胞菌属的菌株同源性均在99%以上，见表2.13。由此次比对结果利用MEGA 5.10构建系统进化树，由图2.14可知，5号未知菌株与*Pseudomonas moraviensis strain WTB8*同源性较高，但在革兰氏染色中，染色结果为革兰氏阳性菌，而假单胞菌为革兰氏阴性菌，可能是由于革兰氏染色脱色时没有完全洗脱，所以我们以分子鉴定结果为准，由分子鉴定以结果可知，5号菌株为莫拉式假单胞菌。

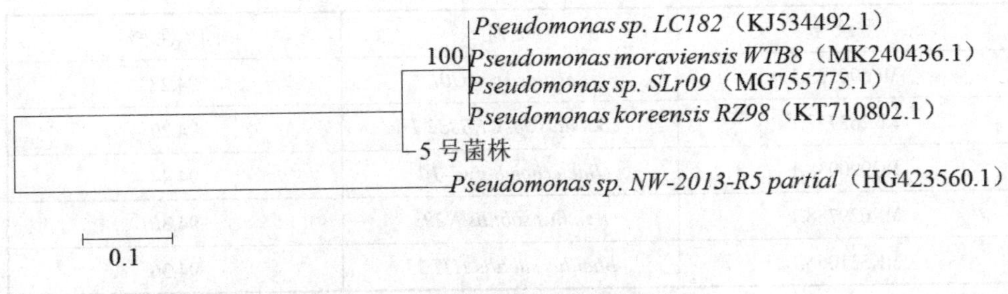

图 2.14　5 号菌株的系统进化树

表 2.13 5 号菌株 16S rDNA Blast 比对结果

登录号	类别	同源性 /%
HG423560.1	*Pseudomonas sp. NW-2013-R5 partial*	97.26
KT710802.1	*Pseudomonas koreensis strain RZ98*	97.63
MG755775.1	*Pseudomonas sp. strain SLr09*	97.51
KJ534492.1	*Pseudomonas sp. LC182*	97.26
MK240436.1	*Pseudomonas moraviensis strain WTB8*	97.38

将7号菌株的16S rDNA基因序列与NCBI数据库中的序列进行氨基酸序列比对，所得到序列性、相似性高的菌株均是芽孢杆菌属之类的细菌，同源性均在94%左右，见表2.14。由此次比对结果利用MEGA 5.10构建系统进化树，由图2.15和表2.14 判断7号未知菌株与枯草芽孢杆菌有一定的同源性，但根据分子鉴定和形态观察不能判定其是枯草芽孢杆菌，只能初步判定是芽孢杆菌中一种类似于枯草芽孢杆菌的新型菌株。

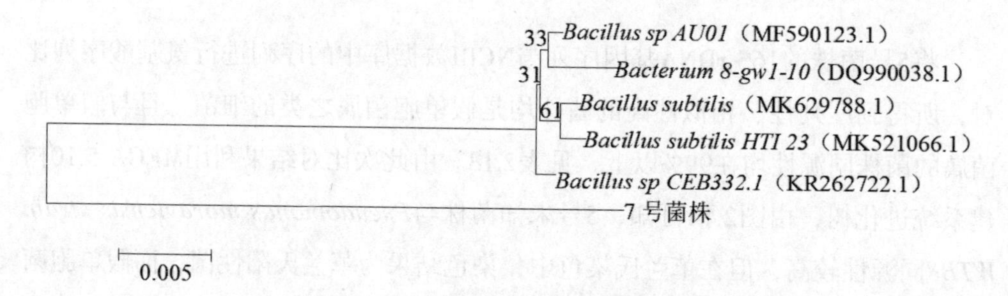

图 2.15 7 号菌株的系统进化树

表 2.14 7 号菌株 16S rDNA Blast 比对结果

登录号	类别	同源性 /%
MF590123.1	*Bacillus sp. AU01*	94.28
KR262722.1	*Bacillus sp. CEB332.1*	94.29
DQ990038.1	*Bacterium 8-gw1-10*	94.44
MK629788.1	*Bacillus subtilis N203*	94.36
MK521066.1	*Bacillus subtilis HTI 23*	94.36

2.4 总结

本次实验采用CMC-Na分离筛选培养基、刚果红染色筛选降解木质纤维素的细菌，并对筛选出的菌株进行了滤纸酶活力的测定、革兰氏染色鉴定及对滤纸崩解效果的鉴定试验，而后将菌株进行16S rDNA序列分析鉴定，最终得到如下结果：

（1）通过刚果红染色成功筛选出了7株透明圈较大的菌株，以便于后续实验的鉴定。

（2）测出了7个菌株的滤纸酶活力，其中3号菌株和7号菌株滤纸酶活力最大。

（3）滤纸崩解实验结果显示：与其他几株菌株降解效果相比，3号菌株和7号菌株对滤纸的降解能力较强，滤纸被水解为糊状，酶解效果最好，其中1号菌株效果最差，可能是由于1号菌株的酶解效率较差引起的。

（4）将7株菌株PCR扩增，均扩增出了产物，但6号菌株没有测序结果。结合初步形态鉴定及16S rDNA鉴定，初步判定菌株鉴定结果见表2.15。

表 2.15 菌株鉴定结果

菌株编号	鉴定结果
1	枯草芽孢杆菌
2	芽孢杆菌属
3	蜡样芽孢杆菌
4	芽孢杆菌属
5	莫拉式假单胞菌
7	类似于枯草芽孢杆菌

（5）本章筛选的菌株大部分是芽孢杆菌属，可为研究芽孢杆菌属降解木质纤维素提供新型的菌株资源并提供理论支持。

第 3 章 纤维素酶液体发酵工艺研究

3.1 前言

现代生物炼制过程中，要求低成本、高收益，而纤维素酶生产成本高、生产效率低，成为限制生物质资源炼制过程中的瓶颈之一，因此提高纤维素酶的酶活力和酶产率、降低纤维素酶生产成本成为实现生物质纤维素资源化利用的关键。本章首先通过草酸青霉发酵动力学研究纤维素酶的发酵规律，其次以价格相对便宜的葡萄糖取代价格昂贵的微晶纤维素，降低纤维素酶的发酵成本；最后以葡萄糖为碳源，研究微晶纤维素诱导和硫酸铵取代研究纤维素酶的液态发酵。

3.2 材料与方法

3.2.1 实验材料

（1）菌种

实验室保藏的草酸青霉菌种。

（2）培养基

①菌种活化培养基配方

PDA土豆培养基：土豆200 g（煮20 min过滤取滤液），葡萄糖20 g，琼脂15 g，加蒸馏水定容至1000 mL。

②种子培养基配方

液体土豆培养基：土豆200 g（煮20 min过滤取滤液），葡萄糖20 g，加蒸馏水定容至1000 mL。

③发酵培养基配方

产纤维素酶培养基：微晶纤维素3.6 g，豆饼粉2.1 g，麸皮3.6 g，磷酸二氢钾0.5 g，硫酸镁0.05 g，加蒸馏水定容至100 mL。

（3）主要试剂和药品

葡萄糖、琼脂粉、微晶纤维素、豆饼粉、麸皮、磷酸二氢钾、硫酸镁、硫酸铵、3,5-二硝基水杨酸、氢氧化钠、酒石酸钾钠、苯酚、柠檬酸、柠檬酸钠。

（4）主要仪器和设备（表3.1）

表 3.1　主要仪器和设备

仪器和设备	厂商和产地
MJ-78A 高压灭菌锅	施都凯仪器设备（上海）有限公司
DL-CJ-2N 超净工作台	北京东联哈尔仪器制造有限公司
GENESYS 10S 紫外分光光度计	美国赛默飞世尔科技公司
HWS28 电热恒温水浴锅	上海蓝豹试验设备有限公司
JJ100 电子秤	常熟市双杰测试仪器厂
DLHR-D2802 恒温振荡器	北京东联哈尔仪器制造有限公司
GENIUS 16K 离心机	长沙市鑫奥仪器仪表有限公司

3.2.2　实验方法

（1）菌种活化

将保藏在茄子瓶中的草酸青霉菌种，用稀释涂布法接种到含PDA土豆培养基的培养皿中，在30℃条件下培养3-4 d，至菌丝长满整个平板。初次活化菌种活性不高可连续培养几代使菌种复壮。

（2）斜面培养

将培养好的草酸青霉菌，通过划线的方法接种至PDA斜面培养基中，在30℃条件下培养3-4 d，置于4℃冰箱保藏。

（3）种子培养

挑取培养皿中的孢子接种于装有50 mL种子培养基的250 mL三角瓶中，在30℃，200 r/min条件下于恒温振荡器中培养36 h。

（4）发酵培养

以5%的接种量将培养成熟的液体种子接入装有50 mL发酵培养基的250 mL三角瓶中，在30℃，200 r/min条件下于恒温振荡器中培养7 d。

（5）粗酶液的制备

将培养成熟的培养液在离心机中经6000 r/min离心5 min，所得上清液即为粗酶液。

（6）葡萄糖标准曲线的绘制

①配置浓度为1 mg/mL的葡萄糖标准溶液：精确称取100 mg的无水葡萄糖，加入蒸馏水溶解后定容至100 mL；

②按照表3.2将各溶液加入比色管中，混匀后沸水浴5 min显色，流水冷却后定容至25 mL。

③吸取制备好的样品溶液于比色皿中，使用紫外分光光度计在540 nm处测定样品的吸光度值。使用测得数据经计算绘制成葡萄糖标准曲线。

表 3.2　葡萄糖浓度标准样品的制备

试剂	1	2	3	4	5	6	7	8
葡萄糖标准溶液 /mL	0	0.2	0.4	0.6	0.8	1.0	1.2	1.4
去离子水 /mL	2	1.8	1.6	1.4	1.2	1.0	0.8	0.6
DNS 试剂 /mL	3	3	3	3	3	3	3	3

（7）还原糖含量的测定方法

将粗酶液稀释10倍，取1 mL稀释过的粗酶液于比色管中，加入蒸馏水1.5 mL，DNS试剂2.5 mL，混匀后沸水浴5 min显色，流水冷却后定容至25 mL。以去离子水为空白对照，使用紫外分光光度计在540 nm处测定吸光度值，根据葡萄糖标准曲线计算发酵液中还原糖的含量。

（8）菌体生长曲线的绘制

以无菌的空白发酵液为空白对照，取菌液稀释适当倍数后，使用紫外分光光度计在600 nm处测定吸光度值。以生长时间为横坐标，测得的数值乘稀释倍数为纵坐标绘制生长曲线。

（9）滤纸酶活力的测定方法

滤纸酶活力反映了纤维素酶的3种水解酶，即外切β－葡聚糖酶，内切β－葡聚糖酶和β－葡萄糖苷酶组成的复合酶系协同水解纤维素酶的能力，体现了整个酶系酶活力的综合水平。滤纸酶活力单位定义为：以滤纸为底物，在50℃，1 h的反应条件下，以水解反应中1 mL纤维素酶液1 min催化纤维素生成1 μmol葡萄糖为一个滤纸酶活力单位，以U表示。

①取0.5 mL的粗酶液和1 mL pH值为4.8的柠檬酸–柠檬酸钠缓冲液加入离心管中，放入大小为1 cm × 6 cm、质量为0.5 g的滤纸条，使液体完全没过滤纸条，置于50℃的水浴锅中水浴反应1 h。

②水浴结束后向各个离心管中分别加入3 mL的DNS，沸水浴10 min显色。沸水浴过后用流水冷却至室温，蒸馏水定容至25 mL。

③以灭活的酶液作为空白对照，使用紫外分光光度计在540 nm处测定吸光度值。

④根据绘制的葡萄糖标准曲线计算出酶活并绘制酶活曲线，滤纸酶活的计算公式为

$$U=\frac{\text{还原糖浓度}\times n\times 1000}{180.16\times t\times v} \tag{3.1}$$

式中：U——纤维素酶酶活力，U/mL；

n——粗酶液的稀释倍数；

t——反应时间，min；

v——粗酶液体积，mL；

180.16——葡萄糖的相对分子质量。

（10）葡萄糖取代结晶纤维素

葡萄糖的部分取代：发酵培养基中，结晶纤维素的添加量是3.6%。通过设置梯度相同的取代比例，用葡萄糖取代结晶纤维素。本次实验设置的取代比例是1∶0.2、1∶0.5、1∶1、1∶2、1∶5，即在发酵培养基中葡萄糖添加的量分别是0.6%、1.2%、1.8%、2.4%、3.0%。而结晶纤维素的添加量为3%、2.4%、1.8%、1.2%、0.6%。控制对照组是未用葡萄糖取代结晶纤维素的培养基配方，

其他条件均相同。在发酵4 d后，酶活力达到最高值时停止发酵，测量不同取代比例的酶活后，分析得出最佳的取代比例。

（11）纤维素诱导

提前配置180 g/L的浓结晶纤维素溶液，并进行灭菌备用。将葡萄糖取代结晶纤维素确定的最佳比例（1∶1）应用至培养基中。在配制发酵培养基时添加1.8%的葡萄糖，不添加结晶纤维素。在发酵期间，设置相同的时间间隔分批添加结晶纤维素，每次添加5 mL的浓结晶纤维素溶液，即添加0.9 g的结晶纤维素。本次实验设置的时间间隔是12 h，每隔12 h添加一次结晶纤维素的浓溶液。在第4天酶活力达到最高值时停止发酵，测量酶活力，分析最佳的诱导时间。

（12）硫酸铵取代实验

对培养基的优化可以通过碳源、氮源、碳源氮源的比例、培养基初始pH值等方面进行优化[20]。本次实验通过对培养基中氮源——豆饼粉的取代，提高生产纤维素的酶活力。发酵培养基中豆饼粉的添加量为2.1%，通过设置相同梯度的取代比例进行取代。本次实验使用硫酸铵取代豆饼粉，取代比例分别是1∶6、2∶5、3∶4、4∶3、5∶2、6∶1，即发酵培养基中添加硫酸铵的量分别为0.3%、0.6%、0.9%、1.2%、1.5%、1.8%，添加的豆饼粉分别为1.8%、1.5%、1.2%、0.9%、0.6%、0.3%。对照组为不用硫酸铵取代的培养基配方，即添加的全为豆饼粉，其他条件均相同。发酵4 d酶活力达到最高时停止发酵，测量酶活力，分析最佳取代比例。

3.3 结果与分析

3.3.1 葡萄糖标准曲线

葡萄糖标准曲线的回归方程为：$y=1.0931x-0.0491$，标准曲线的R^2 = 0.9913，线性关系较好，表示该标准曲线可以使用，见图3.1。

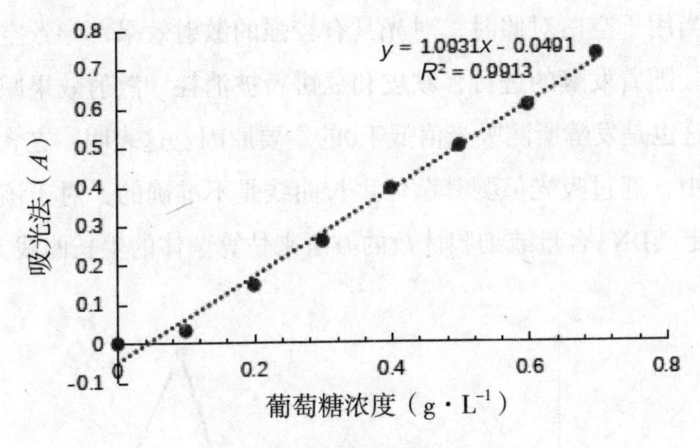

图 3.1　葡萄糖标准曲线

3.3.2　还原糖含量曲线

根据测定出的吸光度值和葡萄糖标准曲线方程，计算出含糖量，绘制成折线图。由图3.2可见，还原糖的含量呈先上升后下降的趋势，在第3天时达到最高值。这主要是由于结晶纤维素属于非还原糖，草酸青霉在培养的过程中，分泌纤维素酶将结晶纤维素降解成葡萄糖等还原糖再被利用。

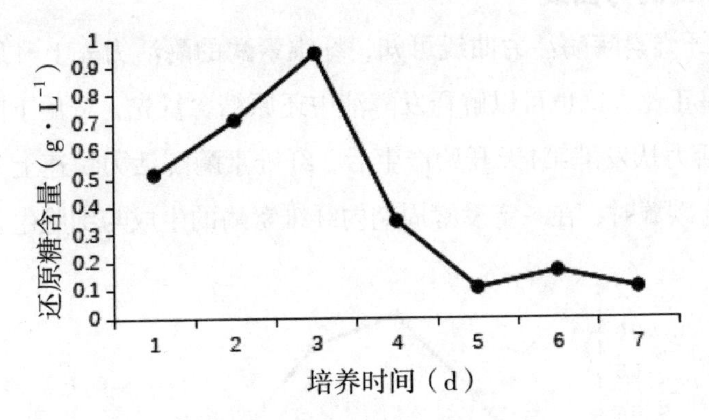

图 3.2　还原糖含量的测定曲线

3.3.3　菌体生长曲线

以无菌的空白发酵液为对照，测量OD_{600} nm处的吸光度值，将测得的数据乘以测量时的稀释倍数，绘制生长曲线如图3.3所示。由图可以看出，前期菌体的吸光值是负值，这主要是由于发酵培养基中含有麸皮和豆饼粉，这两种基质难溶于水，当用于空白对照时，对光具有较强的散射效果，导致空白吸光值在矫正时偏大；随着发酵的进行，麸皮和豆饼粉被消耗，散射效果减弱，导致吸光值下降，这也是发酵所测吸光值低于0的主要原因。这表明：在含有不溶性基质的培养基中，通过吸光值测其菌体生长曲线是不准确的，对于该类发酵液，可以通过测定其DNA含量或细胞计数的方法来估算菌体的生长曲线。

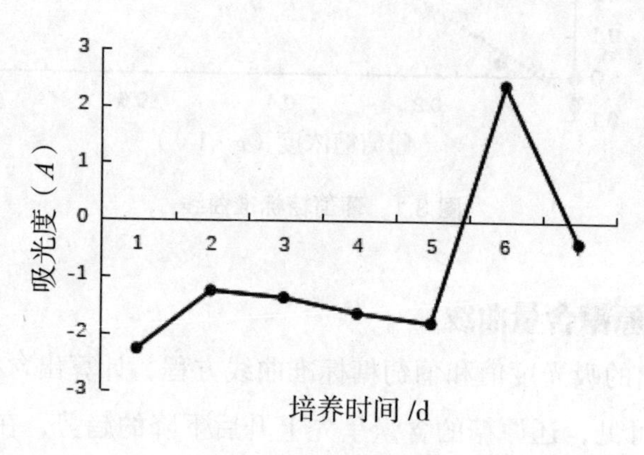

图 3.3　菌体生长曲线

3.3.4　酶活力曲线

由图3.4纤维素酶酶活力曲线可知，纤维素酶的酶活力先上升后下降，与还原糖的曲线呈正比，这也可以解释发酵液中还原糖含量先上升后下降的现象。纤维素酶的酶活力从发酵第1天开始产生后，纤维素酶酶活力快速上升，说明在以结晶纤维素为碳源时，在一定发酵周期内纤维素酶的生成与细胞生长呈正相关。

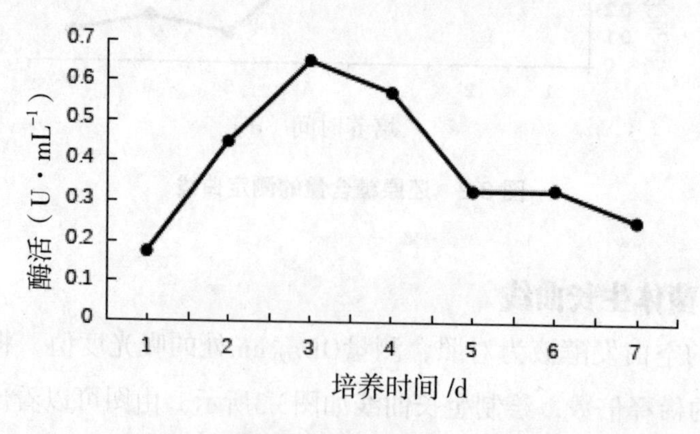

图 3.4　酶活力曲线

许丽英在研究放线菌纤维素酶的发酵条件时发现：纤维素酶发酵过程中，纤维素酶的酶活力与细胞生长呈正相关，羟甲基纤维素钠的加入，可以提高纤维素酶的产量。

3.3.5　葡萄糖取代结晶纤维素

在酶活力最高的第4天停止发酵，测量葡萄糖部分取代结晶纤维素的发酵液的酶活力。首先测量样品的吸光度值，根据吸光度和葡萄糖标准曲线方程计算出粗酶液的含糖量，然后酶活力公式计算出酶活力，绘制图表比较几种不同取代比例的优劣。通过对比几种不同取代比例的酶活力，得出葡萄糖1∶1取代结晶纤维素时的酶活力最高，因此葡萄糖取代结晶纤维素的最佳比例为1∶1，此时纤维素的酶活力是0.785 U/mL。由图3.5可以看出，随着葡萄糖取代比例的降低，纤维素酶的发酵活力具有上升趋势，但是进一步降低葡萄糖取代比例，纤维素酶发酵活力下降，这有可能是由于高浓度的葡萄糖对纤维素酶的产生具有抑制作用，低浓度的葡萄糖不利于放线菌的生长，综合实验结果，采用葡萄糖按照1∶1取代，效果最好。

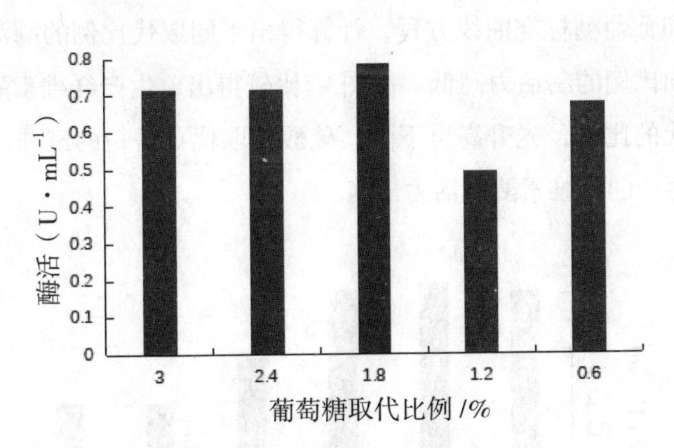

图 3.5　葡萄糖取代结晶纤维素

3.3.6　纤维素诱导

在酶活力最高的第4天停止发酵，测量不同诱导时间的酶活力。通过测得的吸光度值和葡萄糖标准曲线方程，计算得出酶活力，绘制图表比较不同诱导时间生产的纤维素酶的酶活力。如图3.6所示，酶活力的高低随着纤维素诱导时间的长短，先升高再降低。在发酵开始的第60小时添加结晶纤维素，生产的纤维素酶的酶活力最高。表明在发酵60 h添加结晶纤维素进行诱导，可使纤维素酶表达最好，生产的纤维素酶酶活力最高。

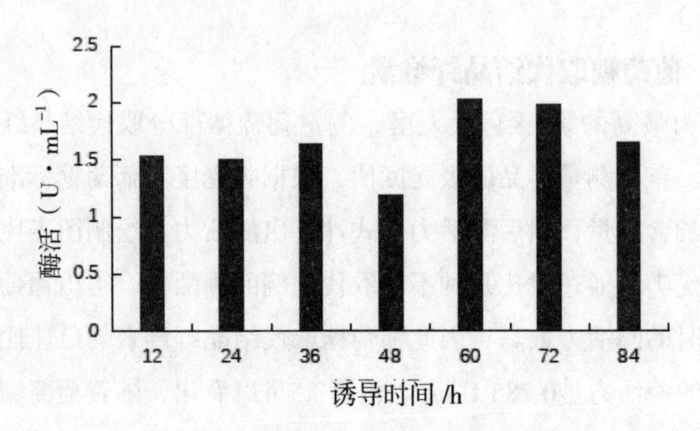

图 3.6　结晶纤维素诱导产纤维素酶

3.3.7　硫酸铵取代结果

在酶活力最高的第4天停止发酵，测量不同取代比例的酶活力。根据测得的吸光度值和葡萄糖标准曲线方程，计算得出不同取代比例的酶活力，绘制成图表比较不同比例的酶活力高低。由图3.7比较得出，生产纤维素酶的酶活力随着硫酸铵取代的比例，先升高再下降。硫酸铵取代豆饼粉的最佳比例为0.6%，在此比例下生产的纤维素酶酶活力最高。

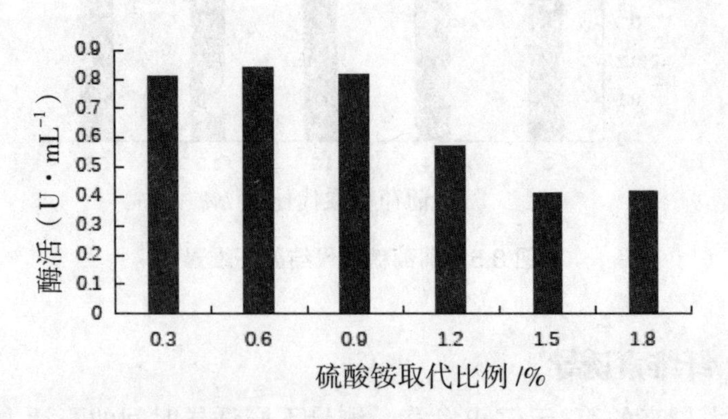

图 3.7　硫酸铵取代豆饼粉

3.4　结论

本章采用草酸青霉作为生产菌株，通过液体发酵生产纤维素酶。使用葡萄糖取代结晶纤维素、诱导物纤维素对纤维素酶的诱导、培养基的优化等方法提高纤维素酶的酶活力。通过实验得出以下结论。

（1）通过对酶活力曲线、菌体生长曲线和还原糖含量曲线，诱导时间、温度、转速对产酶的影响的测定，确定草酸青霉发酵生产纤维素酶的最适宜条件为：种子培养时间36 h，接种量5%，温度30℃，转速200 r/min。在此条件下，滤纸酶活力达到0.650 U/mL。

（2）通过葡萄糖对结晶纤维素的部分取代的比例的研究，确定葡萄糖1∶1取代结晶纤维素时，生产的纤维素酶的酶活力较高，达到0.785 U/mL。

（3）通过葡萄糖取代培养基中的结晶纤维素，在发酵中添加纤维素，诱导产纤维素酶的研究，确定在发酵开始后的第60小时添加结晶纤维素，生产的纤维素酶的酶活力最高，达到2.041 U/mL。这也是本次实验测量酶活力的最高值，因此证明了，使用诱导物诱导纤维素酶的产生，是一种极为有效的提高酶活的方法。

（4）通过硫酸铵对豆饼粉的不同比例的取代的研究，确定硫酸铵以2∶5取代豆饼粉时，生产的纤维素酶的酶活力较高，达到0.844 U/mL。

第 4 章　草酸青霉固定化发酵纤维素酶的工艺研究

4.1　前言

纤维素是地球上最丰富的可再生能源之一，而纤维素的利用率却不高，在能源逐渐匮乏的时代，这无疑是一种浪费。由于纤维素需经过纤维素酶的降解才能更高效地利用，所以纤维素酶的生产效率以及贮存是当下亟待解决的问题。纤维素酶的生产效率低、酶活力不高，进而导致纤维素酶降解过程中纤维素酶的生产成本过高，严重阻碍了纤维素酶在市场上的大规模使用。固定化细胞技术可以解决一部分难题，固定化细胞技术使生产菌的回收成为可能，降低了生产成本，而且固定化细胞还具有易分离、重复性高以及可以控制反应进程等优势，同时还能有效降低外界环境对细胞的影响。本章的研究目的是比较不同载体对草酸青霉的固定效果，筛选出固定性好以及重复使用率高的载体，再进一步优化产纤维素酶的发酵培养基来提高酶活力。本章从载体筛选、载体重复利用、载体质量和培养基优化等方面对草酸青霉固定化发酵纤维素酶的工艺进行研究。

4.2　材料与方法

4.2.1　实验仪器及试剂

（1）主要仪器

本研究中所需仪器设备见表4.1。

表 4.1　实验所用到的主要仪器

设备名	型号	生产厂家
高压灭菌锅	MJ-78A	施都凯仪器设备（上海）有限公司
超净工作台	DL-CJ-2N	北京东联哈尔仪器制造有限公司
电子天平	JJ100	常熟市双杰测试仪器厂
紫外可见分光光度计	GENESYS	美国赛默飞世尔科技公司
高速离心机	GENIUS	长沙市鑫奥仪器仪表有限公司
恒温水浴锅	HWS28	上海蓝豹试验设备有限公司
冰箱	HYUNDAI	慈溪市韩太电器有限公司
恒温振荡器	DL-HR-D2802	北京东联哈尔仪器制造有限公司

（2）主要试剂及制备

本研究中所用到的试剂有：葡萄糖、琼脂粉、微晶纤维素、豆饼粉、麸皮、磷酸二氢钾、硫酸镁、硫酸铵、3,5-二硝基水杨酸、氢氧化钠、酒石酸钾钠、苯酚、无水亚硫酸钠、柠檬酸、柠檬酸钠、无水乙醇。

柠檬酸-柠檬酸钠缓冲液（pH值为4.8，0.1 mol/L）：量取 0.1 mol/L 柠檬酸溶液460 mL，倒入烧杯中，再量取 0.1mol/L 柠檬酸钠溶液 540 mL，倒入量取好的柠檬酸溶液中，混匀。

DNS试剂的配置：取3，5-二硝基水杨酸10 g，倒入400 mL蒸馏水搅拌，再取出一个干净的烧杯加入100 mL蒸馏水，缓慢倒入10 g氢氧化钠，搅拌至溶解，将氢氧化钠溶液缓慢倒入3，5-二硝基水杨酸中，在50℃水浴锅中加热不断搅拌，再依次加入200 g酒石酸钾钠，2 g苯酚，1 g无水亚硫酸钠，边加、边搅拌直到全部溶解没有沉淀，加水定容至1000 mL，棕色试剂瓶中暗处放置7d。

4.2.2　实验方法

（1）菌种及培养基

本实验所用的产酶菌株为本实验室保藏的草酸青霉菌株，草酸青霉经过多次活化，通过平板划线法培养出纯的菌株，再通过稀释涂布法接入本次实验中所使用的培养基。

PDA固体培养基：200 g/L马铃薯（切成小块状），沸水中煮20min，用8层纱布过滤，加入20 g/L葡萄糖和1.5%-2%的琼脂粉，微波炉加热至琼脂粉溶解，最后加蒸馏水定容后灭菌。灭菌完成后在超净工作台上倒平板，待平板冷却后用接种环将草酸青霉接种到平板上，导致放在恒温培养箱中28℃培养3-4d出现绿色孢子。

草酸青霉种子培养基（PDA液体培养基）：200 g/L马铃薯（切成小块状），沸水中煮20min，用8层纱布过滤，加入20 g/L葡萄糖[18]，加蒸馏水定容分装到250mL锥形瓶中，每瓶加入50mL培养基，灭菌。灭菌结束后在超净工作台中将平板中活化好的草酸青霉接种到液体培养基中，30℃，200 r/min，培养36h。

产纤维素酶发酵培养基：36 g/L微晶纤维素，21 g/L豆饼粉，36 g/L麸皮，5 g/L KH_2PO_4，0.5 g/L $MgSO_4$。灭菌后在超净工作台上接种草酸青霉种子培养基，按5%的接种量接种，培养24 h后放入载体固定，30℃，200 r/min培养7 d，测滤纸酶活力。

（2）葡萄糖标准曲线的制备

葡萄糖标准液（1 mg/mL）：称取100 mg的葡萄糖放在80℃烘干箱中烘干至恒重，加水溶解装入容量瓶中定容至100 mL。

葡萄糖标准曲线：取10只比色管，依次加入0.2 mL、0.4 mL、0.6 mL、0.8 mL、1.0 mL、1.2 mL、1.4 mL、1.6 mL葡萄糖标准液，并用蒸馏水补足至2 mL，空白对照为2 mL蒸馏水。再分别加入3 mL的DNS煮沸5 min，取出用流水冷却，加蒸馏水定容至25 mL，摇匀，用紫外分光光度计于波长540 nm处测吸光度，以各管中的葡萄糖含量和OD_{540} nm制作葡萄糖标准曲线。

（3）纤维素酶酶活力的测定

采用滤纸法测酶活力（FPA酶活力）：先取出适量的酶液，4000 r/min离心5 min，取上清液并稀释，制成粗酶液。取0.5 mL粗酶液，加入1 mL柠檬酸-柠檬酸钠缓冲液，放入一个1 cm×6 cm的滤纸条（50 mg），50℃水浴1 h，水浴结束后分别加入3 mL的DNS，沸水浴10 min显色，流水冷却，定容至25 mL，540 nm处测吸光值。根据葡萄糖标准曲线算出还原糖的量再计算出酶活力。

酶活力定义：1 mL酶液在（50±0.1）℃，在pH值为4.8条件下，水解底物（滤纸）1 min产生1 μmol葡萄糖的酶量为1个酶活力单位。

（4）载体种类的筛选

本实验探究不同载体固定纤维素酶的效果，选取4种不同载体，对纤维素酶进行固定，每种载体的质量选取一定的取值范围，在相同条件下测出不同载体固定的酶活力，空白对照为灭活的酶液，比较酶活力数值筛选出优质载体。

选择体积相同的玉米芯、陶瓷、条形大孔载体、球形大孔载体四种载体材料，分别放置于发酵培养基中，30℃，200 r/min条件下培养，固定培养7 d，每24 h 测酶活力。

（5）载体的重复性

筛选出的固定化效果好的载体进行载体重复性的测量实验，筛选出最佳草酸青霉固定化载体材料。用玉米芯载体固定草酸青霉发酵7 d后在超净工作台中转移至灭过菌的发酵培养基中再进行发酵培养，经过4批发酵，计算滤纸酶活力探究玉米芯载体的重复性。

（6）载体质量的筛选

载体质量不同也会影响固定效果，经载体种类筛选实验得出玉米芯和陶瓷环固定草酸青霉效果比较好，又通过载体重复性实验得出玉米芯的重复使用性好，因此设计不同质量的玉米芯0.6 g、0.8 g、1.0 g、1.2 g对草酸青霉进行固定，测出第5天的滤纸酶活力。空白对照为灭活的酶液，每个质量做3个平行实验，取平均值，通过计算得出的滤纸酶活力。

（7）发酵培养基的优化

氮源是用于合成生物分子如蛋白质、核酸等生物大分子的原料，并且在微生物的生长和代谢产物积累中起非常重要的作用。氮源的种类、用量以及比例对纤维素酶的产量都有很大的影响。豆饼粉中的氮主要以大分子蛋白质形式存在，需进一步降解成小分子的肽和氨基酸后才能被细胞吸收利用，所以它作为迟效氮源，有利于代谢产物的积累。硫酸铵的铵根离子能直接被细胞吸收利用，因此硫酸铵作为速效氮源，有利于菌体的生长，在草酸青霉的发酵过程中，将两者按一定比例制成混合氮源，以控制菌体生长时期与代谢产物形成时期的长短，达到提高纤维素酶的产量的目的[19，20]。

根据产纤维素酶发酵培养基的基本配方，以及载体筛选的结果，设计不同浓度的硫酸铵取代豆饼粉，探究草酸青霉液体发酵条件中的最佳氮源。本实验设计4个梯度，添加不同浓度的硫酸铵部分取代豆饼粉。按0.1%、0.15%、0.2%、0.3%的硫酸铵含量取代，用滤纸酶活法测酶活力，空白对照为原培养基配方的载体固定化酶活力。

4.3 结果与分析

4.3.1 葡萄糖标准曲线

以葡萄糖浓度（mg/mL)为横坐标，吸光度（OD_{540} nm）为纵坐标，绘制葡萄糖标准曲线如图4.1所示，标注葡萄糖标准曲线的公式为 y=1.0931x–0.0491，相关系数R^2=0.9913，相关性良好。

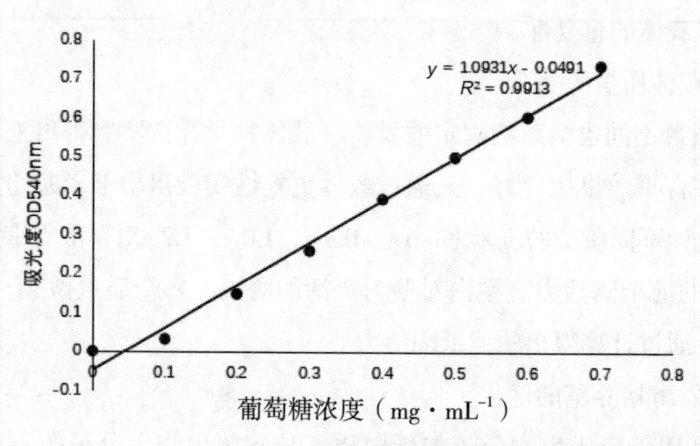

图 4.1 葡萄糖标准曲线

4.3.2 载体种类的筛选

（1）载体的种类筛选

经过分析四种载体每天的OD值，计算出滤纸酶活力，比较得出玉米芯和陶瓷环在第一批发酵中酶活最高，分别是0.773 U/mL和0.757 U/mL，而且发酵到第5天的时候酶活力达到最高值。对于两种大孔载体可能是由于孔径过大，草酸青霉固定后容易脱落，也可能是因为丝状真菌的菌丝体生长会从多孔材料内溢出，导致生物反应器内长满菌丝，限制进一步的发酵。

载体筛选结果见图4.2，其中A为玉米芯，B为条形大孔载体，C为陶瓷环，D为球形大孔载体。

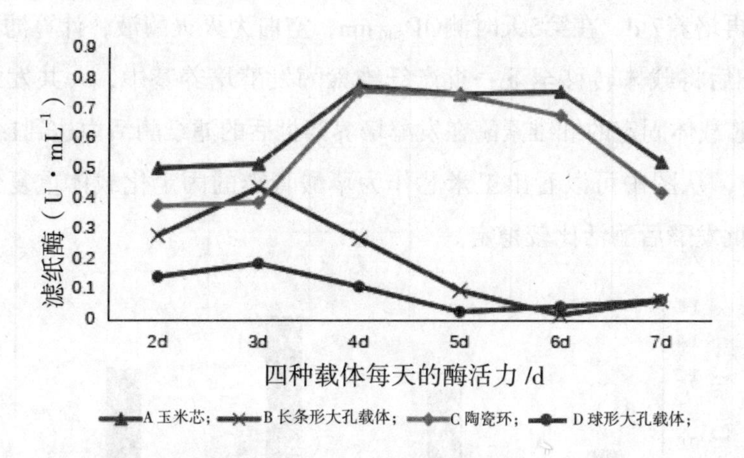

图 4.2　四种载体每天的酶活

（2）载体种类的进一步筛选

通过载体的初步筛选选出玉米芯和陶瓷环作为草酸青霉的固定化载体材料，再经过进一步载体重复性实验筛选最佳固定化载体材料。将第一批发酵结束的载体在超净工作台上转移至第二批发酵培养基中进行二次发酵，发酵到第5天测滤纸酶活力，比较两种载体的固定效果（如图4.3所示），发现用玉米芯作为载体的酶活力要远远高出陶瓷环的滤纸酶活力，可能是陶瓷环上固定的草酸青霉在摇瓶培养时脱落导致酶活力降低。因此筛选出玉米芯作为固定草酸青霉的载体。

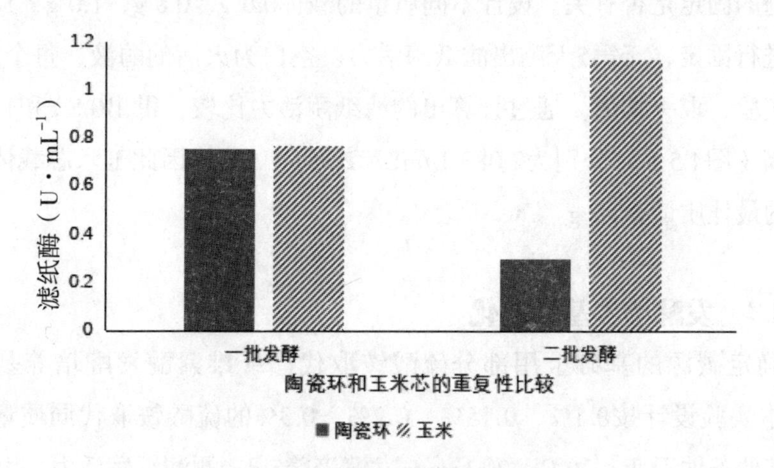

图 4.3　陶瓷环和玉米芯重复性比较

（3）载体的重复性

用玉米芯载体固定纤维素酶发酵7 d后在超净工作台中转移至灭过菌的发酵培养基中再培养7 d，在第5天时测OD_{540} nm，空白为灭火酶液，计算滤纸酶活。在发酵7 d后将载体转移至下一批产纤维素酶发酵培养基中，一共发酵培养四批。玉米芯载体固定的纤维素酶在发酵培养四批后的滤纸酶活力达到1.248 U/mL（图4.4），从图中可以看出玉米芯作为草酸青霉的固定化载体重复使用性较高，经四批发酵后酶活比较稳定。

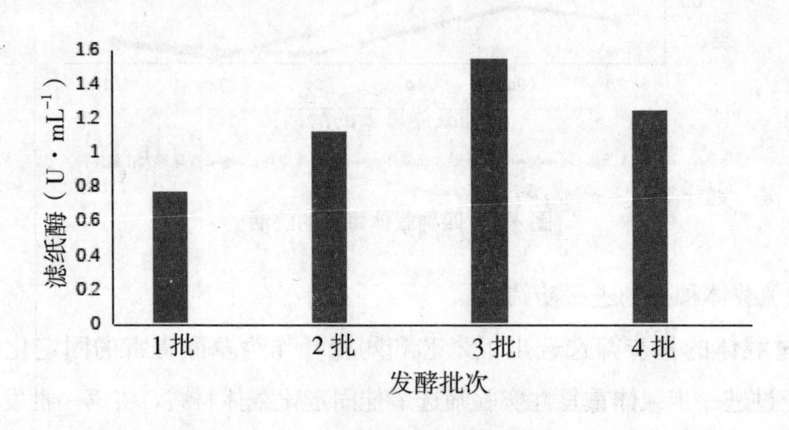

图 4.4 不同发酵批次的酶活

4.3.3 载体的质量筛选

经载体筛选实验得出玉米芯固定纤维素酶效果比较好，再进一步研究载体质量与酶的固定是否有关。设计不同质量的载体0.6 g、0.8 g、1.0 g、1.2 g对纤维素酶进行固定，于第5天测出滤纸酶活力。空白为灭活的酶液，每个质量做3个平行实验，取平均值。通过计算出的滤纸酶活力比较，得出0.8 g和1.2 g的酶活力最高（图4.5），分别为2.083 U/mL和2.381 U/mL，因此玉米芯载体固定草酸青霉的最佳质量为1.2 g。

4.3.4 发酵培养基的优化

在确定碳源的基础上用部分硫酸铵取代产纤维素酶发酵培养基中的豆饼粉，本实验设计按0.1%、0.15%、0.2%、0.3%的硫酸铵取代同质量的豆饼粉[21]。其他条件不变，30℃，200 r/min发酵培养5 d，测滤纸酶活力。由图4.6可知，草酸青霉产酶发酵培养基的最佳氮源取代量为0.15%比取代前酶活力高出28.3%，其次是0.2%。

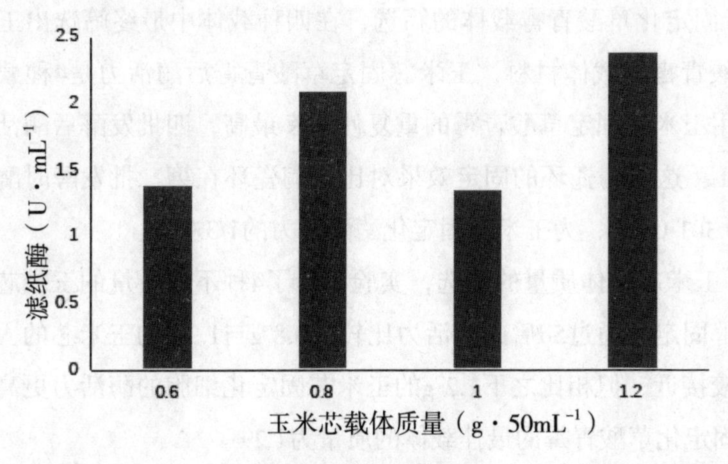

图 4.5　载体质量筛选

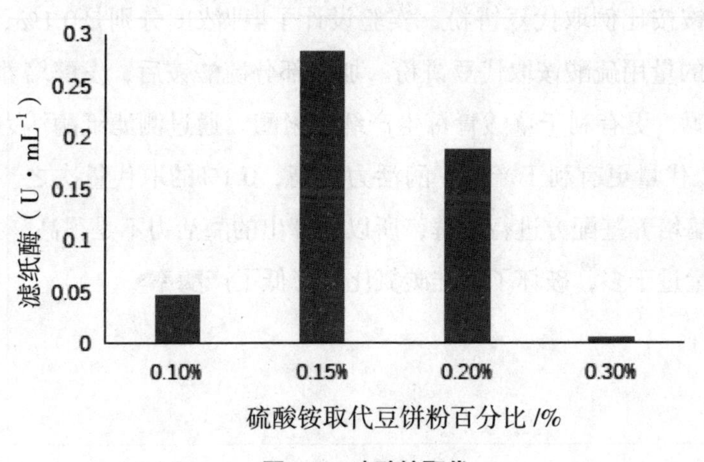

图 4.6　硫酸铵取代

4.4　结论

纤维素作为地球上最丰富的可再生能源，具有良好的应用前景，但目前产纤维素酶的产率较低、酶活性不高、重复性不强以及生产成本偏高。本章主要探究了固定草酸青霉发酵生产纤维素酶的载体筛选、载体质量的筛选、产纤维素酶发酵培养基的优化等方面进行研究。通过实验得出以下结论：

（1）草酸青霉发酵生产纤维素酶的最佳时间：发酵到第5天时酶活最高。

（2）固定化草酸青霉载体的筛选，在四种载体中最终筛选出玉米芯为最佳固定草酸青霉的载体材料，玉米芯固定草酸青霉后酶活力是4种载体中最高的，而且用玉米芯固定草酸青霉的重复使用率最高，四批发酵后酶活力可达到1.248 U/mL。这与陶瓷环的固定效果对比，陶瓷环在第二批发酵时酶活力就已经下降到0.301 U/mL，为玉米芯固定化酶酶活力的1/3左右。

（3）玉米芯载体质量的筛选，实验设计了4种不同质量的玉米芯进行草酸青霉的发酵固定，通过5d后的酶活力比较，0.8 g与1.2 g的玉米芯的固定效果比较好也比较接近，但相比之下1.2 g的玉米芯固定化细胞的酶活力更高，因此在本实验中固定化草酸青霉的最佳载体的质量为1.2 g。

（4）产纤维素酶发酵培养基的优化，本实验是对发酵培养基中氮源的优化。用硫酸铵按比例取代豆饼粉，实验设计了4种浓度分别是0.1%、0.15%、0.2%、0.3%的量用硫酸铵取代豆饼粉。加入部分硫酸铵后，发酵培养基中的氮源是复合氮源，更有利于草酸青霉生产纤维素酶。通过测滤纸酶活力比较后得出0.15%的取代量更有利于产酶，酶活力更高，0.1%的取代量次之。因为空白对照是原产酶培养基配方进行发酵，所以计算出的酶活力不是很高，接近x轴的值说明取代量过于多，破坏了最佳碳氮比，降低了产酶率。

第 5 章　大孔吸附树脂固定纤维素酶催化研究

5.1　前言

纤维素的资源庞大是众所周知的，在近些年逐渐追求可持续发展的道路上，生物能源的开发和研究逐渐走向高潮。我国是人口众多、幅员广阔的农业大国，每年收获谷物后剩余的秸秆、干草、果皮等植物废弃物都是不可忽视的未开发能源。纤维素酶能够将难以降解的纤维素降解为葡萄糖，在全球纤维素大量存在的背景下，能够将这种资源的开发使用率和利用率提高，就能够推动一个国家的能源解放，提高国家在国际社会上的地位。因此，对纤维素酶工艺的优化对竞争力有决定性支撑，在酶反应中，容易污染和分离提纯一直是阻碍工艺发展的阻力。虽然游离酶有着量大的优势，但游离酶的工艺很容易发生污染，而固定化酶工艺对外界环境有着一定的抵抗力，比起只能使用一次且难以与底物分离提纯的游离酶，固定酶能重复利用的优点显得尤为重要。所以，优化纤维素酶在固定化过程中的各项条件对固定化效果有着很大的意义，而对纤维素酶固定化过程的优化探索在实现纤维素酶工业化生产工艺上有着重大的意义。采用122、D101、HZ202、SA-2型号的大孔吸附树脂为固定化载体，通过恒温振荡固定吸附游离的纤维素酶，以固定的纤维素酶酶活力为筛选条件，对四种型号的大孔吸附树脂进行固定化载体的筛选，通过设定筛选出的两种大孔吸附树脂固定吸附纤维素酶的质量，优化出利用率高的使用量。再改变大孔吸附树脂固定吸附纤维素酶的时间，确定固定吸附时间，从而完成整个大孔吸附树脂固定纤维素酶的优化过程，探索纤维素酶固定化过程的最适固定吸附条件。

5.2 材料与方法

5.2.1 实验材料与仪器

（1）实验试剂

纤维素酶，编号为122、D101、HZ202、SA-2的大孔吸附树脂，以及3,5-二硝基水杨酸、考马斯亮蓝G-250、四水合酒石酸钾钠、羧甲基纤维素钠、无水亚硫酸钠、苯酚、冰乙酸溶液、氢氧化钠、醋酸钠、磷酸、牛血清白蛋白（分析纯）、葡萄糖（分析纯）、95%乙醇溶液、蒸馏水，见表5-1。

表 5.1 主要试剂与材料及生产厂家

材料与试剂	等级 / 类型	生产厂家名称
3,5- 二硝基水杨酸	99%	源叶生物
考马斯亮蓝 G-250		Solarbio
四水合酒石酸钾钠	分析纯	洛阳市化学试剂厂
羧甲基纤维素钠	分析纯	天津市致远化学试剂有限公司
无水亚硫酸钠	分析纯	天津市恒兴化学试剂制造有限公司
苯酚	分析纯	天津市大茂化学试剂厂

（2）实验器材

恒温振荡器、恒温数显水浴锅、若干试管及试管架、离心管、分析天平、pH计、紫外分光光度计、加热型磁力搅拌器及配套转子、恒温鼓风干燥箱、冰箱、烘箱。

表 5.2 实验主要器材及生产厂家

仪器名称	仪器型号	生产厂家
紫外分光光度计	GENESYS 10S	美国 Thermo fisher
加热型磁力搅拌器	MS-H280-Pro	武汉德盟科技有限公司
恒温数显水浴锅	HH-1	杭州恒仪仪表科技有限公司
分析天平	SQP	赛多利斯科学仪器有限公司
恒温鼓风干燥箱	GFL-125	莱波特瑞仪器设备有限公司
恒温振荡器	HZQ-X300C	上海一恒科学仪器有限公司

5.2.2 实验方法

（1）绘制葡萄糖标准曲线

①配置3,5-二硝基水杨酸

首先，称取3,5-二硝基水杨酸5 g，加水400 mL，45℃水浴搅拌直至全部溶解。其次，逐步加入10 g氢氧化钠固体，同时不断搅拌，直到溶液清澈透明（注意：在加入氢氧化钠过程中，溶液温度不要超过48℃）。再次，逐步加入四水合酒石酸钾钠100.0 g、苯酚1 g和无水亚硫酸钠0.25 g。最后，继续45℃水浴加热，不断搅拌，直到加入的物质完全溶解。停止加热，冷却至室温后，用水定容至500 mL。储存在棕色瓶中，避光保存。室温下存放7 d后可以使用，有效期为6个月。

②葡萄糖标准曲线绘制

葡萄糖标准溶液配置（1 mg/mL）：预先将分析纯葡萄糖放置烘箱内干燥至恒重。准确称取0.1 g葡萄糖于烧杯中，用蒸馏水溶解后，移至100 mL容量瓶中，定容摇匀，浓度为1 mg/mL。冰箱4℃保存。

按照表5.3向6支试管依次加入相对应体积的试剂或溶液，各管分别混匀，沸水浴5 min，冷却至室温。以未加入葡萄糖标准液的试管作为空白对照，使用紫外分光光度计在540 nm处测定各管溶液吸光度。

表 5.3　葡萄糖标准曲线绘制曲线方法

试管号	0	1	2	3	4	5
葡萄糖标准液 /mL	0	0.2	0.4	0.6	0.8	1.0
蒸馏水 /mL	2.0	1.8	1.6	1.4	1.2	1.0
DNS/mL	2.0	2.0	2.0	2.0	2.0	2.0

（2）绘制蛋白质标准曲线

①标准蛋白溶液配置

在分析天平上精确称取0.025 g结晶牛血清白蛋白于小烧杯中，加入少量蒸馏水溶解后转入100 mL容量瓶中，烧杯内的残液用少量蒸馏水冲洗数次，冲洗液一并倒入容量瓶中，最后用蒸馏水定容至刻度，配置成蛋白质标准溶液，其中牛血清白蛋白浓度为250 μg/mL。

②考马斯亮蓝G-250染色液配置

取考马斯亮蓝G-250粉末100 mg溶于50 mL的95%乙醇中，振荡摇匀后加入100 mL的85%磷酸，转移至1000 mL容量瓶中，将烧杯和玻璃棒用蒸馏水清洗后，清洗液加入容量瓶内，加蒸馏水定容至刻度处。在配置溶液前应当将配置需要用到的烧杯和玻璃棒等仪器，使用乙醇润洗，再用蒸馏水冲洗直至没有明显的乙醇味道，力求消除验仪器对实验结果的影响。

③蛋白质标准曲线绘制

按照表5.4向6支试管中加入相匹配的溶液或试剂体积，振荡摇匀，室温放置5–30 min，使用紫外分光光度计在595 nm处测定吸光度。

表 5.4　蛋白质标准曲线绘制方法

试管号	0	1	2	3	4	5
蛋白质标准液 /mL	0	0.2	0.4	0.6	0.8	1.0
蒸馏水 /mL	1.0	0.8	0.6	0.4	0.2	0
考马斯亮蓝 G–250/mL	5.0	5.0	5.0	5.0	5.0	5.0

（3）固定化纤维素酶实验所需溶液配制和大孔吸附树脂预处理

①大孔吸附树脂预处理

首先使用3 mol/L的盐酸进行浸泡3 h，之后用流水冲洗用pH试纸测量pH值，直至pH呈现中性，洗至中性后使用3 mol/L氢氧化钠浸泡3 h，浸泡后依旧用流水冲洗直至pH呈现中性，pH试纸测量pH值，最后使用95%的乙醇浸泡3 h，在浸泡完成后，依旧用流水冲洗直至pH呈现中性，pH试纸测量pH值，且没有明显的乙醇的味道才可以停止，已经预处理好的大孔吸附树脂装在锥形瓶内封好膜保存在室温条件下。

②配置0.1 mol/L pH值为4.8的醋酸缓冲液

先配制0.1 mol/L醋酸钠，再定容至500 mL，然后用pH计测定酸度，再用冰醋酸调节pH值到4.8为止（边用20 μL移液枪缓慢滴加冰醋酸，边用pH计测定酸度，防止过酸，过酸可用稀氢氧化钠溶液来调节）。

③纤维素酶溶液配置

在分析天平上准确称取1 g纤维素酶，加入少量已经配置好的pH值为4.8的醋酸缓冲液溶解后转入250 mL容量瓶中，烧杯内的残液用少量蒸馏水冲洗数次，冲洗液一并倒入容量瓶中，最后用pH值4.8的醋酸缓冲液定容至刻度，配置成2 g/L的纤维素酶溶液，在4℃冰箱当中保存。

④配置1%羧甲基纤维素钠溶液

将蒸馏水加入烧杯内，放置在磁力搅拌器上，调节温度和转速，待蒸馏水温度升到较温和时，缓慢逐次加入称取的羧甲基纤维素钠，保证搅拌充分且不宜一次加入过多羧甲基纤维素钠，防止大量的羧甲基纤维素钠突然与蒸馏水接触导致在外表形成保护膜延长溶解时间。

5.2.3 大孔吸附树脂固定纤维素酶

（1）纤维素酶固定化及条件优化

取1.0 g的D101、122、SA-2、SA-2四种型号的大孔吸附树脂分别与配置好的纤维素酶溶液混合，180r/min 25℃恒温振荡固定吸附24 h，按照上述的CMC酶活力测定法和考马斯亮蓝法分别测定经过四种大孔吸附树脂吸附固定的CMC酶活力以及吸附过后残液中的蛋白质含量。

经过固定化载体类别筛选，使用固定酶酶活力高的两种树脂，控制大孔吸附树脂作为固定载体的使用量为0.5 g、1.0 g、1.5 g、2.0 g、2.5 g，保持180 r/min、25℃恒温振荡24 h，按照CMC酶活力测定法和考马斯亮蓝法测定并记录数据。

取用最佳使用质量的相应固定化载体，设置固定吸附的时间为30 min、60 min、90 min、120 min、150 min、180 min、240 min、300 min，保持在180 rpm 25℃环境下恒温振荡，按照CMC酶活测定法和考马斯亮蓝法测定并记录数据。

（2）纤维素酶酶活力测定

CMC酶活力测定法是使用羧甲基纤维素钠作为纤维素酶的反应底物，通过测定固定化纤维素酶反应过后溶液中还原糖含量，通过计算得出酶活力的一种方法。具体操作为：取经过固定吸附后的大孔吸附树脂0.1 g，与1%羧甲基纤维素钠溶液50℃水浴30 min，再加入2 mL的3，5-二硝基水杨酸试剂，沸水浴10 min缓慢流水降温，直至冷却到室温，在540 nm处测吸光度。

根据CMC酶活单位定义：1 g固定化酶材料每分钟水解1%羧甲基纤维素钠溶液产生1 μg还原糖为1个CMC酶活力单位，计算出固定化酶的酶活力。

（3）考马斯亮蓝法测定蛋白质

取经过大孔吸附树脂固定吸附过后的纤维素酶残液1 mL，加入5 mL的考马斯亮蓝G-250试剂，振荡混匀静置5-10 min，测量其在595 nm处的吸光度。纤维素酶原液也采取上述步骤测出溶液中的蛋白质含量，减去残液中的蛋白质含量即为大孔吸附树脂固定的纤维素酶酶量。

5.3 实验结果及分析

5.3.1 葡萄糖标准曲线

以葡萄糖浓度（mg/mL）为横坐标，吸光度A（OD_{540} nm）为纵坐标，绘制葡萄糖标准曲线如图5.1所示，标注葡萄糖标准曲线的公式为 $y=0.2978x+0.0084$，相关系数$R^2=0.996$，相关性良好。

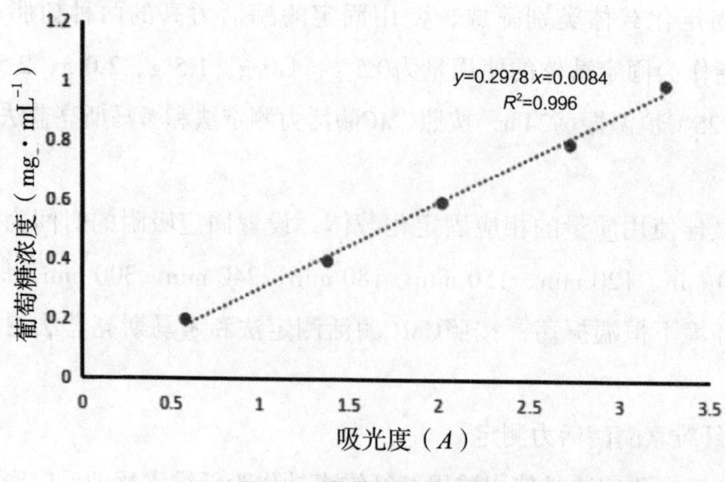

图 5.1 葡萄糖标准曲线

5.3.2 蛋白质标准曲线

以葡萄糖浓度（mg/mL）为横坐标，吸光度A（OD_{595}nm）为纵坐标，绘制蛋白质标准曲线如图5.2所示，标注蛋白质标准曲线的公式为 $y=0.9631x-$

0.0226，相关系数R^2=0.9963，相关性良好。

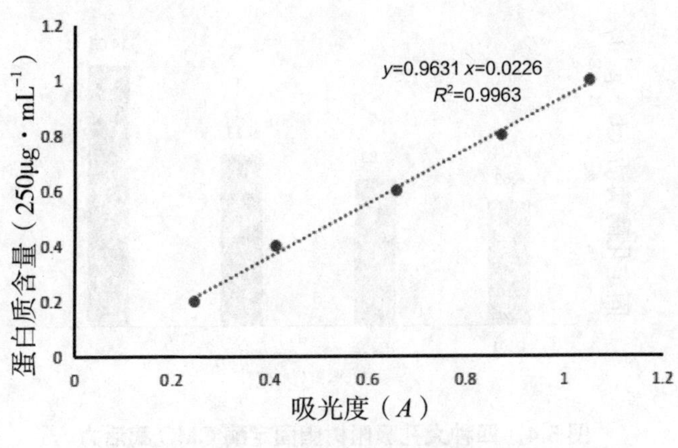

图 5.2　蛋白质标准曲线

5.3.3　四种大孔吸附树脂固定纤维素酶的效果

图5.3是四种不同的大孔吸附树脂在180 r/min 25℃条件下对纤维素酶固定化吸附的酶量的结果统计，可以明显发现122、SA-2型号的大孔吸附树脂固定的酶量要高于D101、HZ202两种型号的大孔吸附树脂。

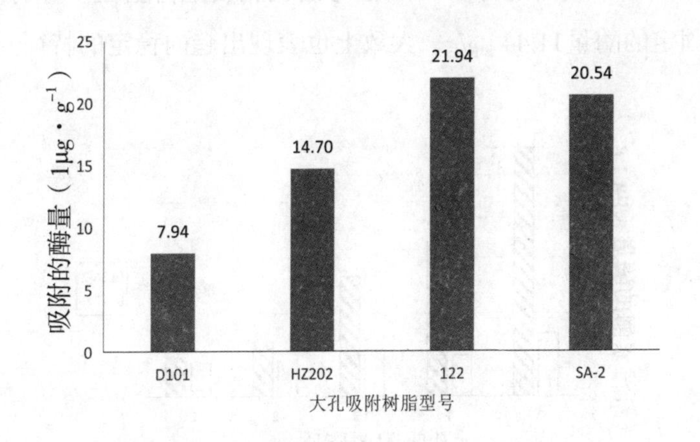

图 5.3　四种大孔吸附树脂固定酶的含量

图5.4是四种型号的树脂经过纤维素酶CMC酶活力，可以直观地发现122、SA-2型号的大孔吸附树脂要高于D101、HZ202型号的大孔吸附树脂，再结合表3.1进行分析筛选即可选定122、SA-2型号的大孔吸附树脂是四种型号的大孔吸

附树脂中固定纤维素酶效果优秀的固定化载体。

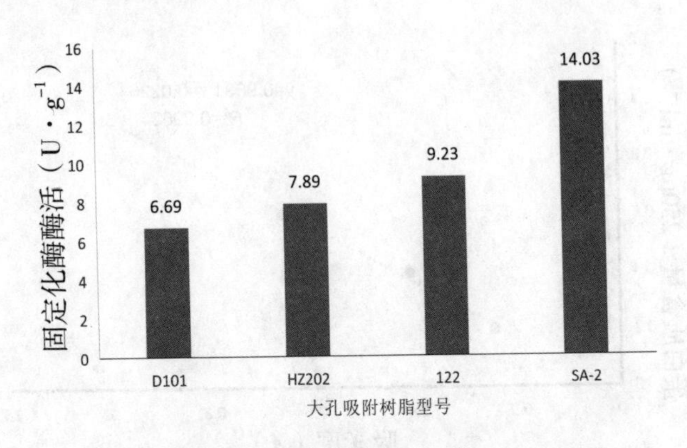

图 5.4 四种大孔吸附树脂固定酶 CMC 酶活力

5.3.4 大孔吸附树脂使用量对固定纤维素酶的效果影响

图5.5是改变大孔吸附树脂固定纤维素酶固定载体使用量所测得的固定载体上吸附纤维素酶的酶量统计。通过同种树脂内的对比，122型号的大孔吸附树脂在使用量为0.5 g时，有着设定使用量固定纤维素酶酶量的最大值44.82 μg/g，整体大致呈现出逐渐平缓的趋势。SA–2型号的大孔吸附树脂在设置的使用量区间内，0.5 g时固定的酶量11.44 μg/g，大致上也表现出趋向稳定的特征。

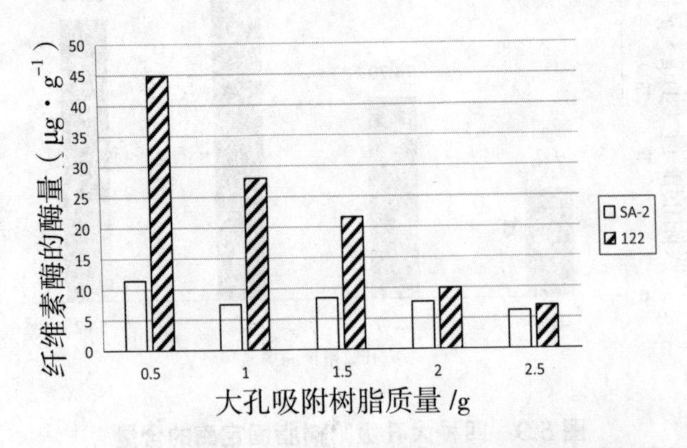

图 5.5 不同质量大孔吸附树脂固定纤维素酶的酶量

图5.6是不同固定吸附质量的大孔吸附树脂固定化酶的酶活力，根据图标显示可以发现122型号的大孔吸附树脂使用量为0.5 g时，固定化酶酶活力为11.64 U/g达到设置使用量区间的最大值。SA–2型号的大孔吸附树脂整体呈现平缓的

趋势，在1.5 g使用量处达到设置的使用量区间的最大值17.65 U/g。选取固定酶活力高的大孔吸附树脂使用量作为后续工艺研究的可控制的变量继续进行筛选优化实验。

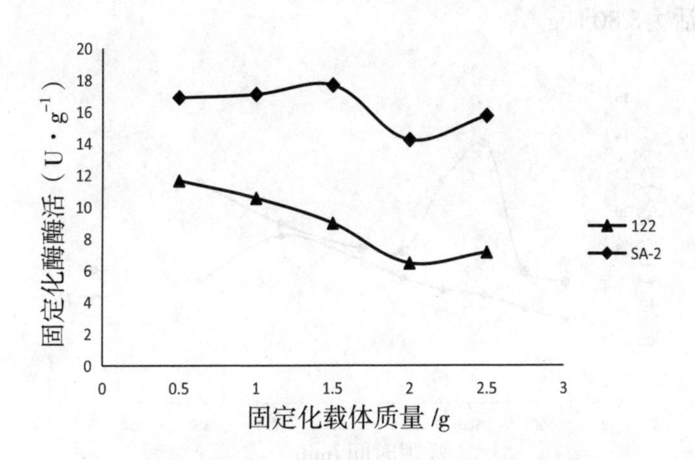

图 5.6　固定化载体不同使用量固定纤维素酶的酶活力

5.3.5　大孔吸附树脂固定纤维素酶时间对固定化的效果影响

图5.7是不同固定吸附时间122、SA-2两种型号的大孔吸附树脂固定纤维素酶酶量的统计记录。根据图中数据分析，SA-2型号的大孔吸附树脂在固定吸附时间为60 min和 180 min时，大孔吸附树脂固定吸附纤维素酶的酶量最高，分别为43.05 μg/g和43.29 μg/g。122型号的大孔吸附树脂在固定吸附时间为240 min时，达到所设置的固定吸附时间的酶量的最大值，为36.75 μg/g。

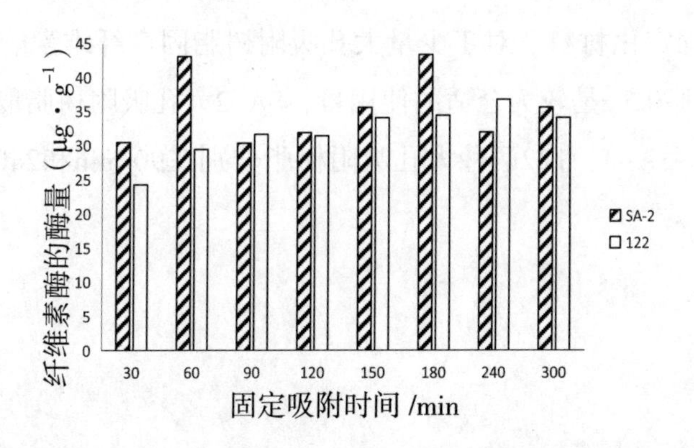

图 5.7　不同吸附时间的 122、SA-2 大孔吸附树脂固定的酶量

图5.8为大孔吸附树脂不同吸附时间所固定的酶活力，选取图中两条曲线的最高点，SA-2型号的大孔吸附树脂在90 min处固定吸附的纤维素酶酶活力达到最高值13.65 U/g，122型号的大孔吸附树脂在固定吸附时间为240 min时取得最大的固定酶酶活力8.80 U/g。

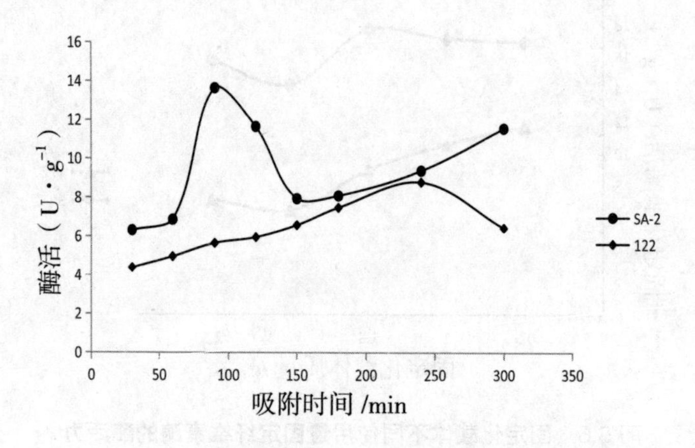

图 5.8 大孔吸附树脂不同吸附时间酶活力变化

5.4 结论

本次实验采用编号分别为122、D101、SA-2、HZ202的四种大孔吸附树脂，对固定纤维素酶的工艺进行优化，根据实验所得的数据，可以得出在本实验所用的四种大孔吸附树脂中，编号122、SA-2的大孔吸附树脂是适合用于固定纤维素酶的固定化材料。对于少量大孔吸附树脂固定纤维素酶的工艺而言，122大孔吸附树脂0.5 g是较为合适的使用量，SA-2大孔吸附树脂取用1.5 g是收益较高的使用量，SA-2、122两种大孔吸附树脂分别在90 min和240 min的吸附条件下即可取出。

第 6 章　包埋法固定纤维素酶催化研究

6.1　前言

酶在工业中应用广泛，但是难分离、易失活，一直是酶工程实现工业应用的难题。固定化酶技术正是解决这些问题的方法，对固定化技术进行研究是酶工程实现工业化的重要步骤。因此研究固定化过程中的各因素变量对固定化效果的影响具有深远意义。固定化纤维素酶提高了酶的利用率，增加了酶对碱、酸、温度等的稳定性的同时还能减少废弃纤维素对环境的污染。而对固定化过程的优化探索对于纤维素酶的固定化在工业上的应用有重大意义。本章以海藻酸钠、海藻酸钠–聚乙二醇、海藻酸钠–聚乙二醇–壳聚糖、活性炭、酸性阳离子交换树脂为载体，戊二醛为交联剂，对纤维素酶进行固定化，以酶活力固定率和酶蛋白固定率为主要评测指标，对比不同载体的固定化效果，对海藻酸钠–聚乙二醇在固定化过程中的温度、pH值、交联剂含量、交联时间、给酶量等因素进行单因素优化讨论，探究纤维素酶固定化过程中的最适外界条件。

6.2　实验部分

6.2.1　实验材料与仪器

（1）实验试剂

纤维素酶、海藻酸钠、聚乙二醇、活性炭、酸性阳离子交换树脂、3，5–二硝基水杨酸葡萄糖、四水酒石酸钾钠、氢氧化钠、苯酚、无水亚硫酸钠、考马斯亮蓝G–250、牛血清白蛋白、95%乙醇、磷酸、盐酸、壳聚糖、戊二醛、醋

酸、无水乙酸钠、蒸馏水

（2）实验仪器（表6.1）

表 6.1　实验仪器

仪器名称	型号	生产公司
恒温振荡培养箱	HZQ-X300C	上海一恒科学仪器有限公司
紫外可见分光光度器	T6 新世纪	济南博鑫生物技术有限公司
真空干燥箱	MJ-T8A	施都凯仪器设备有限公司
电子天平	JJ100 型	常熟市双杰测试仪器
超纯水机	UpH-III-10T	成都优普电子产品有限公司
水浴锅	SW-CJ-2F	苏州安泰空气技术有限公司
pH 仪	pHS-3E	上海仪电科学仪器股份有限公司

6.2.2　实验方法

（1）标准曲线的绘制

①葡萄糖标准曲线的绘制

称取0.1 g葡萄糖完全溶于少量蒸馏水中，再用蒸馏水定容至100 mL，配成0.1%的葡萄糖原液。分别取0.1%的葡萄糖原液0 mL、0.2 mL、0.4 mL、0.6 mL、0.8 mL、1.0 mL于6支试管中，再依次向6支试管中加入2.0 mL、1.8 mL、1.6 mL、1.4 mL、1.2 mL、1.0 mL蒸馏水。加入DNS显色液2.0 mL，混匀后，沸水煮沸5 min，冷却后用蒸馏水定容至25 mL，540 nm测OD值。根据OD值绘制线性标准曲线，线性回归后，得出葡萄糖标准曲线方程。

②蛋白质标准曲线的绘制

配制0.1 mg/mL牛血清白蛋白溶液。精确称量10.00 mg牛血清白蛋白固体粉末，加入蒸馏水进行溶解，完全溶解后，加蒸馏水定容至100 mL，即可制得标准蛋白溶液。取6只试管编号，依次加入试剂混匀。分别取0.1 mg/mL的牛血清白蛋白溶液0 mL、0.1 mL、0.2 mL、0.3 mL、0.4 mL、0.6 mL、0.8 mL、1.0 mL，加入0.9%氯化钠溶液1.0 mL、0.9 mL、0.8 mL、0.7 mL、0.6 mL、0.4 mL、0.2 mL、0 mL依次加入5 mL的考马斯亮蓝G-250染色液。室温下，静置5 min，用蒸馏水定容至25 mL，595 nm测OD值。根据OD值制作线性标准曲线，计算线性回归，得出蛋白质的标准曲线方程。

（一）固定化纤维素酶的制备

①海藻酸钠做载体：取2.5%的海藻酸钠溶液3 mL与1 mL 2.5 mg/mL的纤维素酶液，混合均匀后调整pH值为4，加入0.9 mL 1% 戊二醛作为交联剂，充分混匀。4℃静置交联4 h。将上述交联后的溶液通过10 mL注射器加入至2%氯化钙溶液中进行固定，形成凝胶小球。更换氯化钙溶液，50℃下硬化2 h。用0.9%氯化钠溶液洗涤固定化酶以去除未被固定的游离酶，吸干表面水分，制得固定化酶4℃保存。

②海藻酸钠-聚乙二醇做载体：在2.5%的海藻酸钠溶液中加入聚乙二醇（1%）3 mL，混合均匀。取3 mL海藻酸钠-聚乙二醇溶液与1 mL 2.5 mg/mL的纤维素酶液，混合均匀后调整pH值为4，加入0.9 mL 1%戊二醛作为交联剂，充分混匀。4℃ 静置交联4 h。将上述交联后的溶液通过10 mL注射器加入至2%氯化钙溶液中进行固定，形成凝胶小球。更换氯化钙溶液，50℃下硬化2 h。用0.9%氯化钠溶液洗涤固定化酶以去除未被固定的游离酶，吸干表面水分，制得固定化酶4℃保存。

③海藻酸钠-聚乙二醇-壳聚糖做载体：取1 g壳聚糖，用pH值为7的磷酸缓冲液洗涤并浸泡处理8 h，将制备好的海藻酸钠-聚乙二醇固定化酶加入壳聚糖溶液中进行覆膜处理1 h。用氯化钠进行洗脱未被固定的酶。

④活性炭做载体：吸取2.5 mg/mL酶液1 mL，加入到0.5 g活性炭中，室温吸附5 h，用蒸馏水洗滤3次，制得固定化酶。

⑤树脂做载体：树脂的预处理。取一定量的树脂蒸馏水浸泡溶胀、去杂。0.1 mol/L盐酸处理1 h。蒸馏水洗至中性，0.1 mol/L氢氧化钠溶液处理1 h。蒸馏水洗至中性。水吸干后，置于4℃冰箱备用。取经处理的树脂0.1g，加入用pH值4.0的0.3 mol/L醋酸缓冲液稀释的纤维素酶酶液1.0 mL，25℃吸附24 h后加入4%戊二醛溶液，在30℃下交联6 h，经蒸馏水洗涤，制得固定化酶。

（3）固定化过程单因素优化

在2.5%的海藻酸钠溶液中加入聚乙二醇（1%）3 mL，混合均匀。取3 mL海藻酸钠-聚乙二醇溶液与1 mL2.5、5.0、7.5、10、12.5 mg/mL的纤维素酶液混合均匀后，加入0.3、0.6、0.9、1.2、1.5 mL 1% 戊二醛作为交联剂，充分混匀调整pH值为3、4、5、6、7。4℃静置交联0.5、1、1.5、2、2.5h。将上述交联后的溶液通过10 mL注射器加入至2%氯化钙溶液中进行固定，形成凝胶小球，30、40、50、60、70℃下硬化2 h。用0.9%氯化钠溶液洗涤固定化酶以去除未被固定的游离酶，吸干表面水分，制得固定化酶4℃保存，继续后续反应测定。

6.2.3 纤维素酶固定化效果分析指标

（1）酶活力测定原理及酶活力固定率计算

滤纸法测酶活力代表了纤维素酶的三种酶组分协同作用后的总酶活力。滤纸酶活力单位定义为：以滤纸为底物，在一定反应条件（pH值为4.8，50℃，恒温1 h）下，以水解反应中，1 mL纤维素酶液1 min催化纤维素生成1 μg葡萄糖为1个滤纸酶活力单位。

实验步骤：取50 mg滤纸片剪碎放入试管中，加入2 mL缓冲液（pH值为4.8）液面应没过滤纸片，加入固定化酶，混匀后塞上塞子，50℃下反应0.5 h。反应结束后吸取反应液1 mL于25 mL试管中，加入2 mLDNS，轻振试管使其混合均匀，进行沸水浴10 min，冷却至室温，蒸馏水定容至25 mL，摇匀后测OD值。

酶活力固定率=固定化酶活力/总体系内游离酶总酶活力×100%

（2）酶蛋白测定及酶蛋白的固定率计算

取洗脱液1 mL加考马斯亮蓝G-250试剂5 mL均匀混合，静止2 min，测其OD值，取同条件下对照组的纤维素酶溶液重复该操作测其OD计算蛋白含量为总蛋白含量。

酶蛋白质固定率=［（加入总蛋白量-洗脱液中蛋白质量）/总蛋白量］×100%

6.3 实验结果与分析

6.3.1 标准曲线测定结果

（1）根据所测得数据制作葡萄糖标准曲线，所得方程线性关系达到0.9972，符合要求，可用于接下来的计算。绘制葡萄糖标准曲线如图6.1所示。

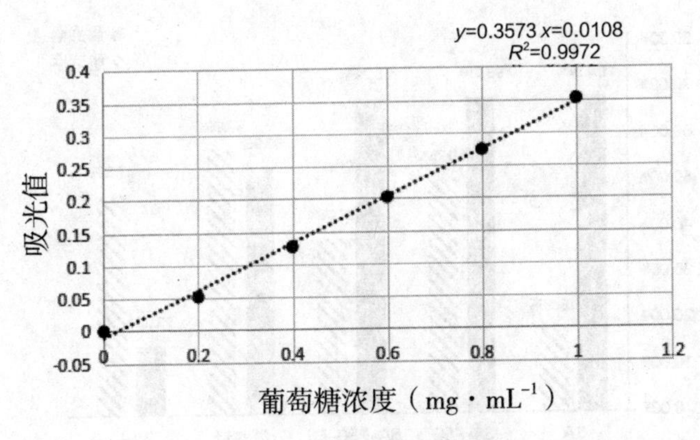

图 6.1　葡萄糖标准曲线

（2）根据所测得数据制作蛋白质标准曲线，所得方程线性关系达到0.9885，符合要求，可用于接下来的计算。绘制蛋白质标准曲线如图6.2所示。

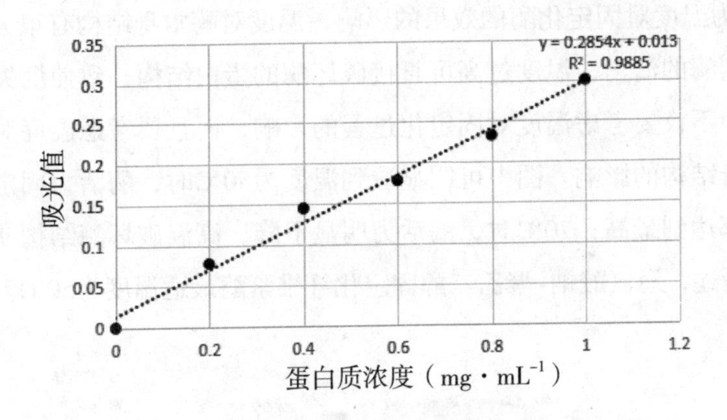

图 6.2　蛋白质标准曲线

6.3.2　不同载体对纤维素酶固定化效果的影响

本实验选取海藻酸钠、海藻酸钠–聚乙二醇、活性炭、树脂几种不同性质载体作为不同固定化材料及方法代表，比较不同固定化方法的特点及基本特性，以戊二醛为交联剂。图6.3为5种固定化载体的固定化结果的效果图，由图可知包埋交联法的酶蛋白固定率最高，吸附法其次，共价交联法远低于前两种固定化方法。吸附法在酶蛋白固定率和酶活力固定率上均有不错表现。对改良后的海藻酸钠载体固定化效果有明显提高。

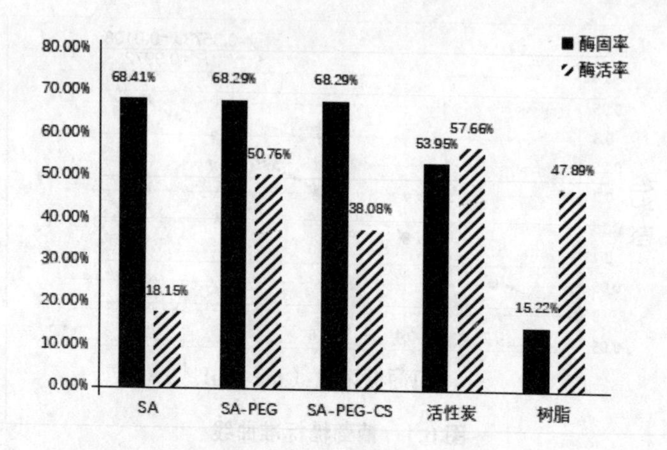

图 6.3　不同载体固定化酶结果

6.3.3　不同温度对固定化酶效果的影响

图6.4为温度对固定化酶的效果的影响，温度对酶本身结构有很大的影响。低温可抑制酶的活力，温度过高可直接破坏酶的蛋白结构，致使酶失活。在固定化过程中不仅要考虑温度对固定化过程的影响，而且要考虑温度对载体性质以及酶本身结构的影响。图中可明显看到温度为50℃时，酶活力固定率和酶蛋白固定率都达到最高；70℃时，酶活力明显下降，高温破坏酶结构使酶活力骤降。综上所述，海藻酸钠-聚乙二醇固定化纤维素酶最适温度为50℃。

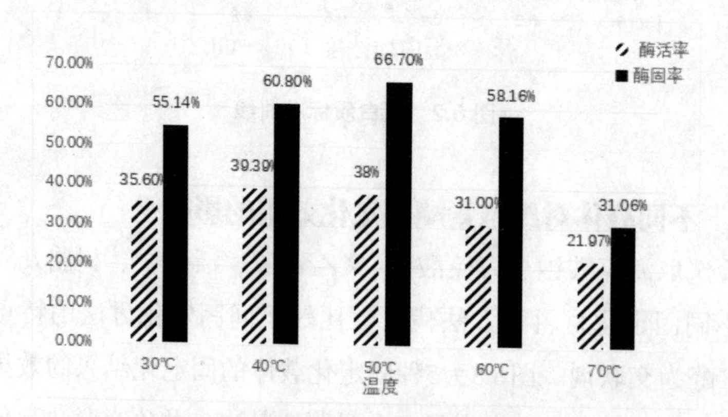

图 6.4　温度对海藻酸钠 – 聚乙二醇固定化的影响

6.3.4　不同pH值对固定化酶效果的影响

图6.5为pH值对固定化酶结果的影响。过高或者过低的pH值都会使酶的结构、基团遭到破坏，致使酶失活。而对于本实验所采用的载体而言，过低的pH值会使载体很难成型；过高的pH值则会使载体在固定化过程中过早成型严重影响酶的固定率。综合上述情况，海藻酸钠–聚乙二醇固定化纤维素酶的最适pH值为5。

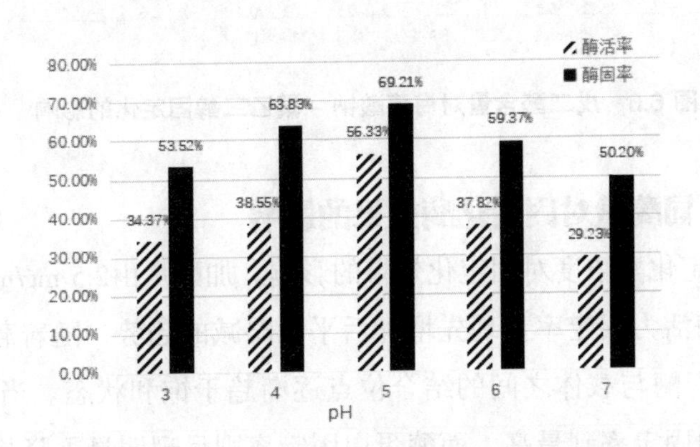

图 6.5　pH 值对海藻酸钠 – 聚乙二醇固定化的影响

6.3.5　不同戊二醛含量对固定化酶效果的影响

图6.6为交联剂含量对固定化效果的影响，交联剂与载体体积比由0.1：1增至0.5：1，随着交联剂含量增加固定化酶的酶活力固定率和酶蛋白固定率呈现的变化趋势基本一致。体积比为0.3：1时达到最好固定化效果。在体积比为0.4：1时固定化酶和游离酶的酶活力骤降，戊二醛对酶结构产生影响，使部分酶失活。戊二醛作为交联剂，含有的两个醛基官能团，可以与纤维素酶中的氨基发生Schiff交联反应[21]。随着戊二醛用量的增加，酶分子之间交联度增加，在一定程度上可以减少由于酶分子粒径过小而导致的酶流失，提高其固定率。但是当交联剂的用量过大，会导致纤维素酶的交联度过大，使得酶分子的活性中心受到破坏，酶活力降低。在0.5：1时固定化效果较差，戊二醛不仅对酶本身造成影响，对载体也产生影响，使固定化酶活力持续大幅降低。综合上述情况，海藻酸钠–聚乙二醇固定化纤维素酶的最适的交联剂与载体的体积比为0.3：1。

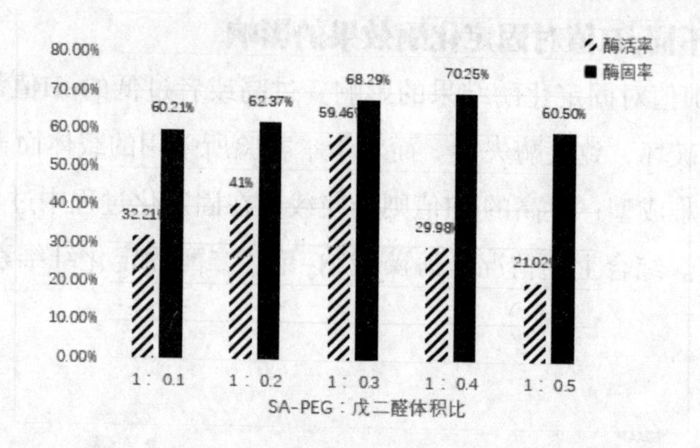

图 6.6　戊二醛含量对海藻酸钠 – 聚乙二醇固定化的影响

6.3.6　不同酶量对固定化酶效果的影响

图6.7为固定化酶浓度对固定化效果的影响。加酶量由2.5 mg/mL增加至12.5 mg/mL，酶的酶活力固定率呈现先增加后平稳略减的趋势，随着载体固定化酶的分子量增加，酶与载体之间的结合位点逐渐趋于饱和状态。当酶浓度达7.5 mg/mL时酶活力固定率到最高，而酶蛋白固定率则呈现明显下降趋势；2.5 mg/mL时，载体结合位点空余很多，酶都能够固定到载体上，酶蛋白固定率很高。随着酶浓度增加，载体位点逐渐饱和，在7.5 mg/mL时候达到饱和，当酶量达到一定量后，再增加给酶量会拥挤，阻碍酶与底物结合使酶活力下降。综上所述，以海藻酸钠–聚乙二醇为载体固定化纤维素酶最适酶浓度为7.5 mg/mL。

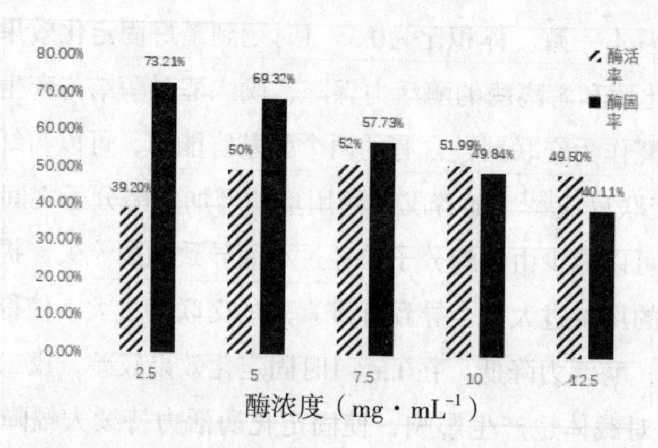

图 6.7　给酶量对海藻酸钠 – 聚乙二醇固定化的影响

6.3.7　不同固定时间对固定化酶效果的影响

图6.8为固定化时间对固定化结果的影响。如图所示随着固定化时间从0.5 h增至2 h，酶活力固定率和酶蛋白固定率有大幅度增长。在固定化时间达到2.5 h后，各方面固定率基本无增长，达到平稳状态。随时间增加纤维素酶被成功固定到载体中，使得固定化载体趋于饱和。随时间增长，被固定的酶量增加，固定化酶的酶活力随时间增长而增加，在2 h处达到饱和。综上所述，以海藻酸钠–聚乙二醇为载体固定化纤维素酶时最适固定化时间为2 h。

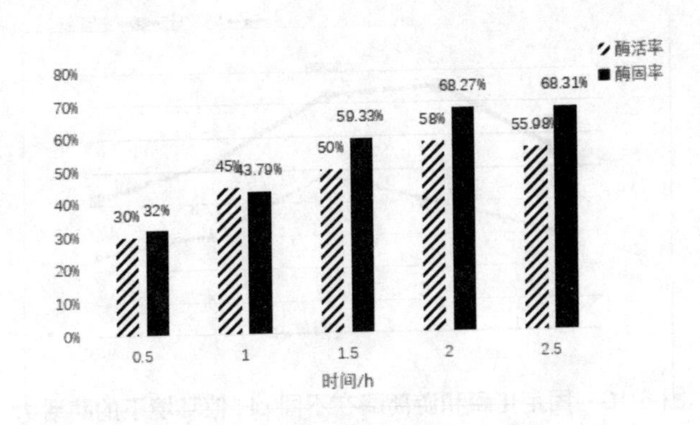

图 6.8　固定化时间对海藻酸钠 – 聚乙二醇固定化的影响

6.3.8　温度对游离酶和固定化酶影响

图6.9为温度对固定化酶及游离酶的酶活力的影响，且经过固定化的酶，对温度的敏感程度下降。当温度过低时，会影响固定化效果，固定化效果较差，当温度高于50℃后酶活性急剧下降，原因是高温使蛋白变性失活。

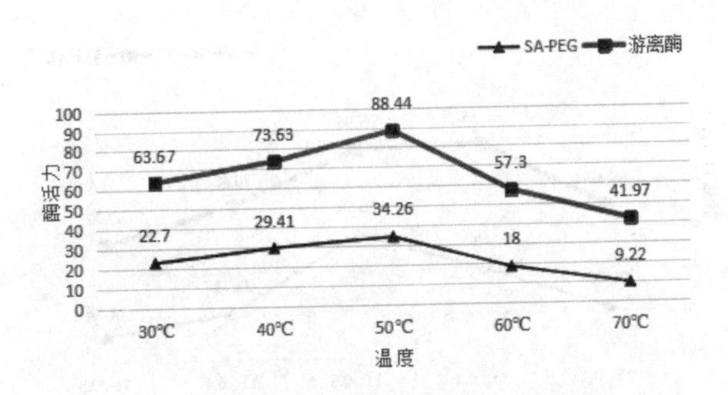

图 6.9　固定化酶和游离酶在不同温度的酶活力

6.3.9 pH值对游离酶和固定化酶的影响

图6.10为pH值对固定化酶及游离酶的影响。由图可知固定化酶和游离酶的变化趋势大致相同：酶活力先升高，在pH值为5时达到最高，随后酶活力下降。在纤维素酶经固定化后对于酸碱的敏感程度下降，最适pH值向碱性方面稍有迁移，pH值对载体和固定化效果的影响都很大，而pH值过高过低都会直接破坏酶的蛋白结构致使酶失活。

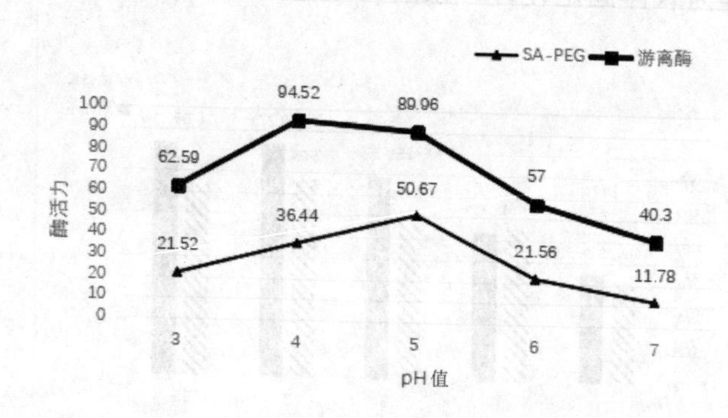

图 6.10 固定化酶和游离酶在不同 pH 值环境下的酶活力

6.3.10 戊二醛浓度对游离酶和固定化酶的影响

图6.11为戊二醛含量对游离酶和固定化酶的影响。由图可知在戊二醛含量较少时，酶活力很高，随着戊二醛含量的增加，酶活力逐渐减小，戊二醛对酶蛋白的结构和活性中心造成破坏，使酶活力下降，固定化酶则下降较缓慢，戊二醛含量过低会影响固定化效果，过高会直接使酶失活，因此戊二醛含量至关重要。

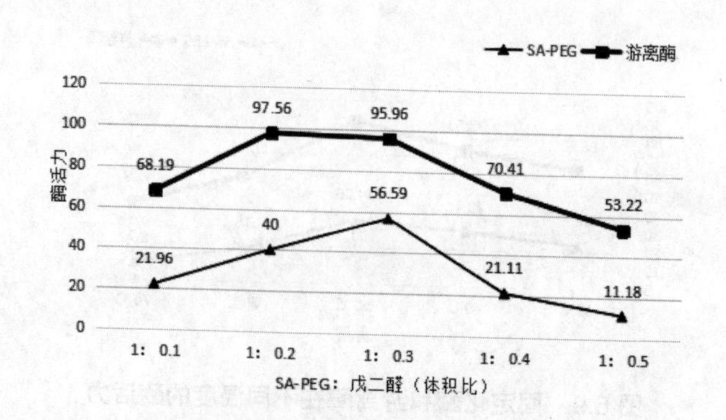

图 6.11 固定化酶和游离酶在不同戊二醛含量下的酶活力

6.4 结论

本章使用吸附法、包埋交联法和几种常见载体材料，探究了几种固定化方法的特点，最终选取以海藻酸钠-聚乙二醇为载体，包埋交联法探究了包括固定化时间、温度、pH值、交联剂含量、给酶量等条件的最适固定化环境，结果表明：在pH值为5，温度为50℃，载体与交联剂体积比为1∶0.3，固定化时间为2 h，酶浓度为7.5 mg/mL时固定化效果最好。对固定化酶性质的研究表明：固定化酶的最适催化温度是50℃，最适pH值由游离态的5迁移至固定态的4。

参考文献

[1] Singh V P，Sharma D，Prajapati S，et al. A comparative study of cellulase production：Minireview [J]. Journal of Scientific and Innovative Research，2020. 9：69–73.

[2] Pal K，Sharma T，Sharma D D. An overview of cellulase production and industrial applications [J]. Internation Journal of Research Publication and Reviews，2021，7：506–513.

[3] 徐晓，程驰，袁凯，等. 里氏木霉产纤维素酶研究进展 [J]. 中国生物工程杂志，2021，41：52–61.

[4] Bhat M K. Cellulase and related enzymes in biotechnology [J]. Biotechnol. Adv. 2000，18：355–383.

[5] 沈丽君，苏瑛杰，于潇潇，等. 木质纤维素诱导里氏木霉产纤维素酶及酶解增效作用研究进展 [J]. 吉林农业大学学报，2019，41：681–685.

[6] 黄丽菁，吴彩文，邹春阳，等. 木质素与酶的作用机制及其在纤维素酶水解中的影响研究进展 [J]. 西北林学院学报. 2021，36：142–148.

[7] 佟硕秋，王嫱，林宗梅，等. 纤维素降解菌研究进展 [J]. 山东化工，2020，49：67，91.

[8] 田晓俊. 麦秸高效高值化利用技术及机理研究 [D]. 上海：华东理工大学，2017.

[9] 钟耀华，钱元超，任美斌，等. 丝状真菌降解转化纤维素的机制与遗传改良前景 [J]. 生物加工过程，2014，1：46–53.

[10] 李登龙，李明源，王继莲，等. 木质纤维素预处理方法研究进展 [J]. 食品工业科技. 2019，19：326–332.

[11] Bhati N, Shreya, Sharma A K. Cost-effective cellulase production, improvement strategies, and future challenges [J]. J Food Process Eng. 2020: e13623.

[12] Zhang Y H P, Himmel M E, Mielenz J R. Outlook for cellulase improvement: screening and selection strategies [J]. Biotechnology advances, 2006, 24 (5): 452-481.

[13] Bon E P, Ferrara M A. Bioethanol production via enzymatic hydrolysis of cellulosic biomass. In FAO Seminar on the Role of Agricultural Biotechnoligies for Production of Bioenergy in Developing Countries, Rome. 2007

[14] Siqueira J G W, Rodrigues C, de Souza Vandenberghe L P, et al. Current advances in on-site cellulase production and application on lignocellulosic biomass conversion to biofuels: A review [J]. Biomass and Bioenergy, 2020, 132: 105419.

[15] Kumar S, Sharma A, Sharma D. A review: screening of cellulase enzyme and their applications [J]. International Journal of Scientific Research and Engineering Trends, 2021, 3: 1960-1963.

[16] 何芳芳，王海军，王雪莹. 纤维素酶的研究进展 [J]. 造纸科学与技术，2020，4：1-8.

[17] Singh V P, Sharma D. Cellulase and its role in industries: A review [J]. International Journal on Agricultural Sciences, 2020, 11: 1-7

[18] Mandels M, Weber J. The production of cellulases [J]. Cellulases and their applications, 1969, 95: 391-414.

[19] Raghuwanshi S, Deswal D, Karp M, et al, Bioprocessing of enhanced cellulase production from a mutant of Trichoderma asperellum RCK2011 and its application in hydrolysis of cellulose [J]. Fuel, 2014, 124: 183-189.

[20] Maeda R N, Barcelos C A, Anna L M, et al. Cellulase production by Penicillium funiculosum and its application in the hydrolysis of sugar cane bagas for second generation ethanol production by fed batch operation [J]. Biotechnol., 2013, 163: 38-44.

［21］Rawat R，Srivastava N，Chadha B S，et al. Generating fermentable sugars from rice straw using functionally active cellulolytic enzymes from Aspergillus niger HO［J］. Energy Fuels，2014，28：5067-5075.

［22］Pandey A K，Edgard G，Negi S. Optimization of concomitant production of cellulase and xylanase from Rhizopus oryzae SN5 through EVOP-factorial design technique and application in Sorghum Stover based bioethanol production［J］. Renew. Energy，2016，98：51-56.

［23］Idris A S O，Pandey A，Rao S S，et al. Cellulase production through soli-state tray fermentation，and its use for bioethanol from sorghum stover［J］. Bioresour. Technol. 2017，242：265-271.

［24］Krishna C. Production of bacterial cellulases by solid state bio-processing of banana wastes［J］. Bioresource Technology，1999，69：231-239.

［25］高双喜，王萱，任菁，等. 羊源芽孢纤维素降解菌的筛选与H-7菌株鉴定［J］. 饲料工业，2019，40：52-57.

［26］Jang H，Chang K. Thermostable cellulases from Streptomyces sp. scale-up production in a 50-I fermenter［J］. Biotechnology Letters，2005，27：239-242

［27］汪学军，闵长莉，韩彭磊，等. 牛粪中纤维素降解菌的分离鉴定及其产酶研究［J］. 天然产物研究与开发，2015，27：1181-1186，1258.

［28］徐志. 高产纤维素酶菌株选育、分子鉴定及发酵工艺研究［D］. 长沙：中南林业科技大学，2012.

［29］穆春雷. 低温产纤维素酶菌株的筛选、鉴定及纤维素酶学性质［J］. 微生物学通报，2013，40(7)：1193-1201.

［30］杨柳，魏兆军，朱武军，等. 产纤维素酶菌株的分离、鉴定及其酶学性质研究［J］. 微生物学杂志，2008，28：65-69.

［31］张爱梅，殷一然，齐汝楠. 产纤维素酶沙棘根瘤内生放线菌的筛选、鉴定及其酶活性测定［J］. 西北师范大学学报，2019，55：71-92.

［32］AHAMED A，VERMETTE P. Effect of culture medium compositio n on Trichoder mareesei's morphology and cellulaseduction

[J] . Bioresource Technology, 2009, 100 (23): 15979-15987.

[33] 张晓炬，李景富，王傲雪. 里氏木霉产纤维素酶条件的优化 [J] .东北农业大学学报，2008(7)：29-33.

[34] Acharya P，Acharya D，Modi H. Optimization for cellulase pro-duction by Aspergillus nigerusing saw dust as substrate [J] . African Journalof Biotechnology，2008，7：4147-4152.

[35] Karthikeyan N，Sakthivel M，Palani P. Screening，identifying of Penicillium KP strain and its cellulase producing conditions [J] . Journal of Ecobiotechnology，2010，2(10)：4-7.

[36] 李杰，王景胜，肖连冬，等. 绿色木霉-M1固态发酵产纤维素酶条件研究 [J] . 农业基础科学，2011，12：49-51.

[37] Ratbakomala S，Enhancement of cellulase (CMCase) production from marine actinomycetes Streptomyces sp Bse 7-9：Optimization of fermentation medium by response surface methodology [J] . IOP Conf Ser：Earth Environ Sci，2019，251：012005.

[38] Dias L M，Dos Santos B V，Albuquerque C J N，et al. Biomass sorghum as a novel substrate in solid-state fermentation for the production of hemicellulases and cellulases by Aspergillus niger and A. fumigatus [J] . J Appl Microbiol 2018，3(124)：708-718.

[39] Gamarra N N，Villena G K，Gutierrez-Correa M. Cellulase production by *Aspergillus niger* in biofilm，solid-state，and submerged fermentations [J] . Appl Microbiol Biotechnol，2010，87：545-551.

[40] Villena G K，Gutierrez-Correa M. Production of cellulase by *Aspergillus niger* biofilms developed on polyester cloth [J] . Lett Appl Microbiol，2006，43：262-268.

[41] Hui Y S，Amirul A A，Yahya A R M，et al. Cellulase production by free and immobilized Aspergillus niger. World J Microbiol Biotechnol，2010，26：79-84.

[42] Kang S W，Kim S W，Lee S J. Production of cellulase and xylanase in a

bubble column using immobilized Aspergillus niger KKS [J]. Appl Biochem Viotechnol 1995, 53: 101-106
[43] Bischof RH, Ramoni J, Seiboth B. Cellulases and beyond: the first 70 years of the enzyme producer Trichoderma reesei. Microb. Cell Fact. 2016, 15: 1-13.
[44] Sukumaran RK, Christopher M, Kooloth-Valappil P, Sreeja-Raju A, Mathew RM, Sankar M, Puthiyamadam A, Adarsh VP, Aswathi A, Rebinro V, Abraham A, Pandey A. Addressing challenges in production of cellulases for biomass hydrolysis: Targeted interventions into the genetics of cellulase producing fungi. Bioresource Technology, 2021, 329 124746
[45] Portnoy T, Margeot A, Seidl-seiboth V, Crom L, Chaabane FB, Linke R, Seiboth B, Kubicek CP. Differential Regulation of the Cellulase Transcription Factors XYR1, ACE2, and ACE1 in Trichoderma reesei Strains Producing High and Low Levels of Cellulase. Eukaryot. Cell. 2011, 10: 262-271
[46] Wang S, Liu G, Wang J, Yu J, Huang B, Xing M. Enhancing cellulase production in Trichoderma reesei RUT C30 through combined manipulation of activating and repressing genes. J Ind Microbiol Biotechnol 2013, 40: 633-641
[47] 沈丽君，苏瑛杰，于潇潇，等. 木质纤维素诱导里氏木霉产纤维素酶及酶解增效作用研究进展. 吉林农业大学学报，2019，41：681-685.
[48] Lu Y, Li N, Yuan X, Hua B, Wang J, Ishii M, Cui Z. Enhanc- ing the cellulosedegrading activity of cellulolytic bacteria CTL-6 (Clostridium thermocellum) by coculture with non-cellulolytic bacteria W2-10 (Geobacillus sp.). Applied Biochemistry and Biotechogy, 2013, 171: 1578-1588
[49] 李皓，钟星，张辉，等. 中性蛋白酶在海藻酸钠和壳聚糖中的固定化研究. 氨基酸和生物资源，2016，38：50-54.
[50] Aki E, Pereira AS, EI-Bacha T, Amaral PFF, Torres AG, Efficient production of bioactive structured lipids by fast acidolysis catalyzed by Yarrowia lipolytica lipase, free and immobilized in chitosan-alginate beads, in solvent-free medium. International Journal of Biological Macromolecules, 2020, 163:

910-918

[51] 隋颖，张立平，吸附法固定化脂肪酶研究进展. 山东化工，2013，42：46-47

[52] 刘佳，赵再迪，孙溪. 壳聚糖碳材料固定纤维素酶的研究. 科技创新与应用，2017，19：12-13.

[53] 张巍巍. 生物碳纤维的酶固定化研究. 北京：北京化工大学，2010.

[54] Shakeri M，Kawakami K . Enhancement of Rhizopus oryzae lipase activity immobilized on alkyl-functionalized spherical mesocellular foam：Influence of alkyl chain length. microporous & mesoporous materials，2009，118：115-120

[55] Rauf A，Ihsan A，Akhtar K，Ghauri MA，Anwar M，Khalid AM. Glucose oxidase immobilization on a novel cellulose acetate-polymethylmethacrylate membrane. Biotechnology，2006，121：351-360.

[56] 梁江. SiO_2-CS纳米复合载体固定化磷脂酶D的研究. 西北大学，2014.

[57] 侯红萍，张茜. 介孔分子筛SBA-15固定糖化酶的研究. 中国食品学报，2011，11：147-151.

[58] 刘倩. 新型磁性复合材料的制备及其固定化纤维素酶/辣根过氧化物酶的研究[D].镇江：江苏大学，2017

[59] 夏黎明，余世袁，程芝. 固定化里氏木霉制备纤维素酶的研究. 南京林业大学学报（自然科学版），1993：1-6

[60] 谈昭君. 磁性载体的制备及其固定化纤维素酶的研究. 兰州：兰州理工大学，2015

[61] 黄月文，刘风华，罗宣干，等. 温度敏感的固定化纤维素酶的合成及性能. 纤维素科学与技术，1996：25-30

[62] 李丽娟，夏文静，马贵平. 碳纳米管固定化纤维素酶的最佳工艺研究. 生物技术进展，2020，10：426-431.